# 你的感觉我能懂

## 用共情的力量
## 理解他人，疗愈自己

# The Empathy Effect

Seven Neuroscience-Based Keys for Transforming the Way We Live, Love, Work, and Connect Across Differences

Helen Riess　Liz Neporent
［美］海伦·里斯　莉斯·内伯伦特　著　何伟　译

机械工业出版社
CHINA MACHINE PRESS

**图书在版编目（CIP）数据**

你的感觉我能懂：用共情的力量理解他人，疗愈自己 /（美）海伦・里斯（Helen Riess），（美）莉斯・内伯伦特（Liz Neporent）著；何伟译 .—北京：机械工业出版社，2023.7

书名原文：The Empathy Effect: Seven Neuroscience-Based Keys for Transforming the Way We Live, Love, Work, and Connect Across Differences

ISBN 978-7-111-73401-7

Ⅰ. ①你… Ⅱ. ①海… ②莉… ③何… Ⅲ. ①心理学－通俗读物 Ⅳ. ① B84-49

中国国家版本馆 CIP 数据核字（2023）第 115837 号

机械工业出版社（北京市百万庄大街 22 号　邮政编码 100037）

策划编辑：向睿洋　　责任编辑：向睿洋

责任校对：张晓蓉　王　延　　责任印制：刘　媛

涿州市京南印刷厂印刷

2023 年 10 月第 1 版第 1 次印刷

147mm×210mm・8.5 印张・1 插页・161 千字

标准书号：ISBN 978-7-111-73401-7

定价：59.00 元

电话服务　　网络服务

客服电话：010-88361066　　机　工　官　网：www.cmpbook.com

010-88379833　　机　工　官　博：weibo.com/cmp1952

010-68326294　　金　书　网：www.golden-book.com

**封底无防伪标均为盗版**　　机工教育服务网：www.cmpedu.com

谨以本书献给所有能够设身处地为他人着想，

并相信共情和我们共通的人性

终有一天会将我们联合起来的人。

# | 推　荐　序 |

沿路而上，一辆支离破碎、前灯歪斜的汽车坏在了十字路口，路上坐着一个男人。我的朋友乔治看到这种情况，就停了下来。有路人说，警察已经在路上了。乔治下了车，没有像其他人那样只是默不作声地看着。他坐在人行道上，把那个人揽过来抱到胸前，低声安慰和鼓励着他，与此同时，那个人头上渗出的血渍渗透了乔治的衣服。是什么给了乔治这样的力量？他面对麻烦选择挺身而出，而不是避而远之。

数年前，我的朋友伯特住在芝加哥的一间酒店里。那是1968 年，美国民主党全国代表大会引发了一片抗议。年轻人就在伯特住的酒店外的街上高喊着口号。暴力事件突然就爆发了，警察也以暴力作为回应。一些抗议者跑进了酒店，希望能逃离警察的追捕。几分钟后，有人敲了伯特的门，他打开门，看到几个浑身是血的年轻人。伯特让他们进入了房间，但又过了几分钟，警察就到了门口。他们拽着抗议者的头发，带走了他们。

当他们走后，伯特感到一种无法遏制的想做点什么的冲动。他穿上夹克、打好领带，走到街上，小心翼翼地穿过人群。他去了那些年轻人被带去的警察局。伯特走到办公桌前，假装是一名来自纽约的律师（他实际上是一名演员）。他声称自己是那些刚被带进来的年轻人的代理人。他在孤注一掷，笃定在那样的深夜，警察无法打电话到纽约检查他的证件。这一招奏效了。他把学生们从监狱送到了医院，自己也没有被逮捕。

我经常想到这两个朋友，想知道他们做出这些善举的勇气是从何而来的。

我渐渐悟到，他们的勇气就来自本书讨论的内容：共情。

在过去的25年里，我一直在试图理解是什么让人们以最积极的方式对待彼此，能开诚布公、直言不讳，我越来越清楚地看到，我一直在寻找的是共情。

海伦·里斯是这个课题的专家，当我遇到她时，我觉得我终于对朋友的勇敢行为有了更深的理解，他们产生了共情并诉诸了行动。

共情到底是什么呢？试着定义它时，人们众说纷纭，有时甚至互相矛盾。一些人说同情就是共情，另一些人说共情可能是同情的踏脚石，但本身并不会导致良好的行为。还有人说，不管是什么，你生来就有一定的共情能力，而且以后也不会增多了。不对，反对的人说，你小时候必须被教会共情。当然，也有一些人断然宣称，共情是不能被教授的。

海伦·里斯踏入这些断言的喧嚣，让人群安静下来。海伦知道共情是可以被教授的，因为她教授和研究它，她已经教授了成千上万的医学专业人士。她看到了共情水平的提高，并记录了她的研究结果。

她正在以一种基本的方式处理一种基本的人类特征。

研究过是什么让我们从其他动物中脱颖而出的科学家告诉我，共情在我们成为什么样的人方面起到了非常重要的作用。

共情让我们能够读懂别人的思想，或者，不那么戏剧化地说，是从别人的视角看到他们所看到的世界。这种能力在很大程度上能使人们的生活成为可能。

共情不仅使对话发生成为可能，还使商业甚至政治成为可能。（除非你有能力找出别人感兴趣的东西，否则你如何才能让他们相信你的建议符合他们自身的利益？）

几个世纪以来，我们一直在思考人的这一特质，也就不足为奇了。

“共情”这个词在我们的语言中只被使用了大约一百年，虽然作家和哲学家已经探索它很长时间了。

沃尔特·惠特曼（Walt Whitman）在思考别人的痛苦对我们的影响时写道："我没有问受伤的人他的感受，我让自己也成了伤员。"他发现了这一点，即当我们自己体验到相同的感受时，我们会理解别人的这种感受。在某种程度上，我们自己的感受是我们看到别人感受的镜头。

正如大卫·休谟（David Hume）所说："人的思想是彼此的镜子。"

这个想法至少可以追溯到荷马（Homer）身上。他在公元前 8 世纪写道："在时间的教导下，我的心已经学会了为别人的善而发光，为别人的悲哀而融化。"

共情和同情是不一样的，很难想象没有共情就产生同情。共情似乎是人性的核心，也是我的朋友在很久之前的那个晚上，为了那些不认识的人的安全所承担的风险的核心。

是什么让我们与他人联结在一起？是什么帮助我们众志成城，合作无间？这种能推动我们变成最好的自我的强大力量是什么？

如果问题是**"我们如何才能抓住那个帮助我们茁壮成长的并且非常基本的东西"**，那么答案就在你手中的这本书里。

艾伦·艾尔达

（美国知名导演、演员、编剧）

# 前　言

## 为什么共情

我在波士顿大学医学院的第一年，我的精神病学教授理查德·查辛博士（Dr. Richard Chasin）有一次在讲台上排了一圈椅子，以此来代表其中有成员遭受创伤的家庭系统，每把椅子代表一个家庭成员。他没有仅仅关注遭受创伤的个体，而是阐明了整个家庭都参与表达和管理受伤的家庭成员的情绪。每次从系统中移除一把椅子，家人都必须设法应对没有该成员承担他的角色时，会发生的状况。

这是我第一次意识到，我的家庭没有像我一直想的那样不同寻常。认识到塑造我早期生活的主要事件是能够被认同和分享的——这是共情的基本要素，于我而言是一个极大的解脱。

我的父母在第二次世界大战（简称“二战”）中几乎失去了一切后，来到了美国。我父亲的父母被独裁政权处死时，他只有 14 岁。在那一刻，他和他的两个姐姐被剥夺了享有生活的权利，并被送去了集中营。我母亲的家人也是被迫背井离乡，去到劳动营工作，她的父亲就是在那里去世的。这些可怕的故事像窗户周围的窗帘一样在我们家的周围回荡，充足的光线会穿窗而过，但窗帘总是在那里，投下一片阴影。

让他们的故事更加纷繁复杂的是，我的父母拥有德国血统，并且是新教徒。在 19 世纪，他们的祖先搬到了南斯拉夫的多瑙河谷。在那里，他们过着平静的生活，直到二战接近尾声。在当时的政权下，他们突然卷入了包括驱逐德国人和其他“不受欢迎”群体在内的运动，他们被送往集中营，数百万人受到了巨大影响，他们的故事在历史上仍旧鲜为人知。

我的父母受助于他们的信仰以及教会组织中有潜在共情的人，最终逃离了营地。他们后来在奥地利相识并结婚，然后移民到美国。那些不知道或不了解他们故事的人会因为他们的背景和德国口音而毫不犹豫地对他们进行评判。许多人猜想，因为他们是德国人，所以他们在所难免地充当了那些悲剧的帮凶。

被妄加评判，以及被与可怕的战争罪行相关联的痛苦，再加上没有收到哪怕一丁点对自己经历的共情，对他们产生了深远的影响。更甚于失去家人、家园和故土的悲剧，是他们难以承受的误解，而这些误解也深深地影响了我。

小时候，当我的同学因为别人无法控制的事情，例如肤色、住的地方或者家庭情况，而嘲笑别人时，我感到非常沮丧。以貌取人的不公做法在我心中掀起了波澜。这让我一直关注社会正义并持续到今天，正是这种治愈他人情感痛苦的愿望促使我走上了精神病学的道路。现在作为一名专业人士，我倾听我的患者讲述因患有精神疾病而遭受的非难，和他们被质疑为什么"服用这么多精神药物"的故事，我为他人对这些人的苦苦挣扎缺乏共情而感到义愤填膺。

大约十年前，当《纽约时报》《华尔街日报》和《华盛顿邮报》的头条不断呼吁在医疗保健事业中投注更多共情时，我已经在从事关于共情的研究了。我在麻省总医院(Massachusetts General Hospital，MGH)精神病科工作时，我们调查了当医生表现得更具共情时，患者和医生之间的生理参数在就诊期间是否匹配。我们很想知道能否找到生理上的证据来证明两个人在什么时候"同步"。

我们用了一种称为皮肤电反应的简单技术，该技术可以测量皮肤电阻的变化，这是情绪唤醒最敏感的指标之一。我以前的学生卡尔·马尔奇（Carl Marci）博士得到了能够揭示医生和患者彼此同步和不同步的生理踪迹。这些踪迹揭示了皮肤电活动，它测量了皮肤上分泌的汗水量，也实时显示生理和情绪活动的程度。然后我们要求患者根据共情量表来给他们的医生评分，结果是生理一致性最高的医患组合中的医生获得了最高的共情评分。

这里的重大突破是我们发现了一种生物标志物，它似乎可以量化这种名为共情的难以捉摸的特质。一位女士看到表示她内心的焦虑状态的生理踪迹，以及她的医生的回应，她叹息着说："我觉得我正在看我的心理 X 光片！"她一生中的大部分时间都生活在焦虑中，但她觉得没有人看见过她的痛苦。观察到这种联系，帮助她在治疗中取得了巨大的进步。我们在改善我们识别和衡量共情的能力的同时，也关注到了共情的力量。

作为哈佛医学院的一名教育工作者，我对我们可以让无形的情绪变得可见而着迷。我开始思考如何使用这个工具来提高医疗专业人员的共情反应。我非常幸运地获得了哈佛大学的研究生医学教育奖学金，并在哈佛梅西学院学习了关于共情的神经科学，吸收新的工具，还发展了共情训练干预措施并在随机对照实验中对其进行了测试。

这促使我在麻省总医院创立了共情与关系学项目，这是同类研究项目中的第一个。当我们刚开始时，许多专家认为共情要么天生就有，要么没有。在与我的同事共同实施的共情项目的研究中，我们招募了来自六个不同专业的正在接受培训的医生，以调查简单的共情技能培训是否可以教会他们更好地感知患者的情绪线索，并更有效地提供反馈。患者被要求在培训期前后对医生进行评分。那些被分配到培训组的医生相比于未受过培训的医生在共情测试上始终获得更高的分数。是的，我们看到共情实际上是可以教与学的。

我们知道当患者获得更多的同情和尊重时，他们会有更好的体验，因此更有可能信任他们的医生，谨遵医嘱，并获得更好的健康结果。医生也能从中受益。我们的研究表明，在他们与患者的互动中增加共情会给他们更高的职业满意度，并减少他们的职业倦怠感。他们汇报说，通过学习坐下来注意他们面前的整个人，而不只是疾病或受伤的身体部位，他们感觉与患者和自己的职业有了更多的联系。

对共情培训的需求增长如此之快，我的现场培训远不能满足。哈佛梅西学院的一门名为“医疗保健与教育中的领先创新”的课程教会了我如何扩展我的项目来尽可能覆盖更广泛的受众。我随后与他人共同创立了 Empathetics 公司。这是一家在全球提供在线学习和共情现场培训的公司。

很快，其他职业也开始向我们发出共情培训的需求。我意识到我为医疗专业人员设计的方法可以应用于每个人，无论他们是谁、做什么或来自哪里。事实上，第一个选择我们共情培训的组织是美国中西部的一家大型银行。其负责组织发展的执行副总裁劳里斯·伍尔福德（Lauris Woolford）认识到，要实现组织的成功，共情是她的执行团队需要的一项关键能力。

在这本书中，我希望证明，对你的同伴表现出更强的共情，可以怎样使你自己的生活和整个社会变得更好。通过共情，父母可以看到他们的孩子是什么样的，并帮助孩子发掘自己的潜力；教师可以通过多种方式与学生建立联结，帮助学生发现和扩展他们的才能；企业因为它们对雇员的投入更有可能蓬勃发展；政客们开始代表他们所有支持者的需求。共情技能一直是社会各界人们之间的纽带，使人们了解彼此，寻求一致，激发关切，摒弃评判，并用共同的共情体验来提醒我们：我们是一个人类共同体。

我在研究中提出的，并在训练中完善的共情的七个关键要素，可以帮助你过上更好的生活。你将了解它们是什么，以及如何使用它们来改善你生活的方方面面，从最亲密的关系到家庭生活，从学校、企业、社区生活到组织中的领导角色。通过共通的心智能力的庞大神经网络（我们第 1 章的主题）而变得更加协调，我们可以改善他人的生活，世界可以变得更加宽容和包容。

本书中提到的案例与实际患者及其家属有任何相似之处，纯属巧合，绝非故意。为了方便阅读，当提到具体的人时，我使用了单数代词“他”和“她”，而不是使用较为尴尬的“他或她”，这不代表任何基于性别的一概而论。本书中讨论的观点仅代表我个人，并不体现我所属机构的意志。

# | 目　　录 |

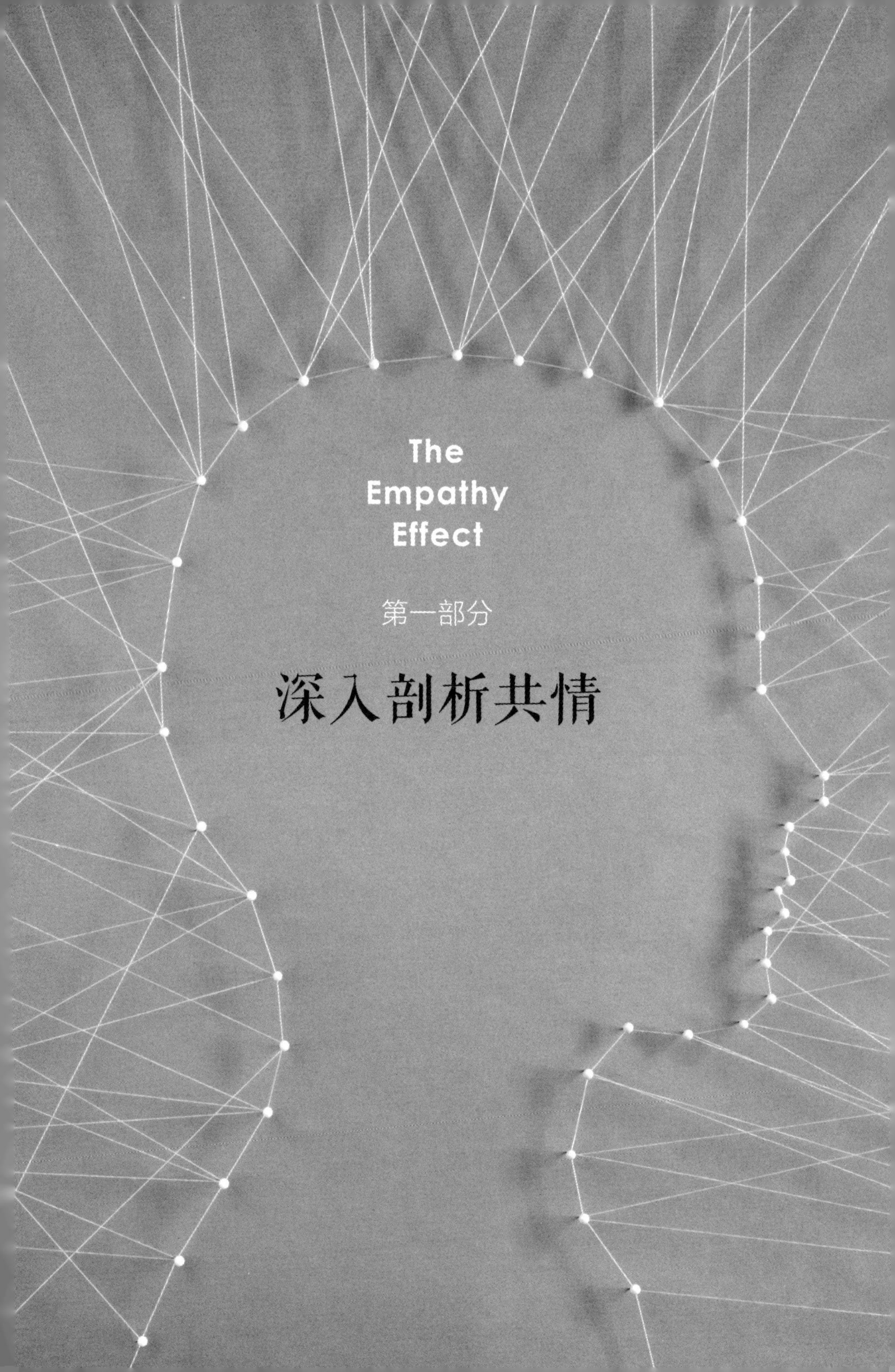

The Empathy Effect

第一部分

# 深入剖析共情

第 1 章

# 我们共通的心智能力

伴随着一声重重的叹息，桑德拉跌坐进我办公室的椅子，脸上的表情令人不寒而栗。

“我不知道该如何忘掉发生的一切。”她说。

我感到自己喉咙发紧，心跳加速。尽管不知道细节，但我还是被她的情绪所感染。一种恐惧与忧虑之感在我全身蔓延。她是波士顿马拉松爆炸事件中最先到达现场的急救人员，当她试图把鞋从一名运动员的伤腿上脱下来时，伤者的整条腿脱落到了她的手中。

这个故事可能会让你倒吸一口凉气，或让你感到浑身不舒服，甚至你可能下意识地摸了摸自己的腿。倘若确实如此，这说明你正在经历一种共通的心理体验。

尽管实际上并没有东西与你的身体发生碰触，你的大脑还是通过特殊的神经回路注意到了在桑德拉和受害者的故事中，双方在情绪和身体上的疼痛。这条神经回路传递的是与桑德拉的体验相类似的感受，这让你的感受和读这个故事之前大不相同。这便是共情（empathy）在发挥作用。我们暂时想象某个人的想法和感受，并体验其不适，此时往往会引发共情关注（empathic concern），这是一种关心他人、激发同情的反应。

在许多案例中，共情关注会激发出我们帮助他人的动机。也许你想不到，心理学和神经科学的研究已经发展到专门研究共情的领域，并得到了一些非常有意思的结果。研究共情的学者们认为共情起源于亲代抚育，通过激发照料行为来保障后代的存活。因为关怀他人的行为有助于保障人类的生存，所以人类大脑中的共情回路得以保存了数千年。

关于共情的定义非常多，甚至在研究它的许多不同领域的学者中引发了混乱，这其中包括一些试图使用单一特质来定义它的哲学家、心理学家、科学家以及教育家。对共情的最佳理解是，它是由几种不同的因素所构成的能力，这些因素共同起作用，从而使我们能够被境况和他人的情绪所触动。与“共情”相比，我更喜欢使用“共情能力”（empathic capacity）这个术语，因为这个术语表明，共情是由许多不同的心理因素和生理因素构成的。

共情能力需要专门的大脑回路，从而让我们能够对其他人进行感知、加工和回应，就像我对桑德拉在波士顿马拉松爆炸事件中的经历做出的反应。这三种非常具有人类特点的活动结合在一起，预示了一个人将会多么富有同情心。当人们对他人表现出共情时，通常会很擅长**感知**他人的感受，并能**加工**相应的信息，以做出有效的**回应**。因此，将共情的定义扩展为一种能力是很重要的，因为它涉及从感知到回应他人的体验，并在有疑问时向其求证，这样就成为一个完整的共情循环过程。这个回路最后的部分称作“共情准确性”（empathic accuracy）。基于神经科学方面关于共情的资料，纵贯全书，我将会使用科学术语“empathic”而非“empathetic”[一]。

让我们回到桑德拉的问题。我之所以对她感同身受，是因为我感知到了她的面部表情、身体姿势以及语调，并想象出当她试图积极主动地去帮助一个受伤的人时，伤者的腿从身体上脱落并且握在了自己的手中是一种怎样的情形。她的故事令人震惊。所以，我不得不检视自己的感受，以使自己能够全神贯注地聆听她的话，从而不至于被惊恐所淹没。我通过舒缓、安静、深深的呼吸使自己保持稳定。确切地讲，我并不知道桑德拉体验到的是哪些情绪，但我知道它

---

[一] 这两个词都是名词 empathy 的形容词，且都被《牛津英语大辞典》和《韦氏词典》认可，因此通常来说两个词都可以用。empathic 出现的时间更早一些（1909），empathetic 形式源自更常见的词对 sympathy（同情）和 sympathetic（有同情心的），最早出现在《牛津英语大辞典》中的时间是 1932 年。科研人员更喜欢用 empathic，可能是因为他们偏好更老一点的术语。——译者注

们是极度令人不适的，而且我需要了解更多。在我能真的帮助她之前，我需要先处理好自己的情绪反应。我使用了自创的“ABC”技术，这是我用于训练共情的一种基础方法。根据我的压力水平和心率，我（A）认识到（acknowledg）我们正进入一场情绪化的艰难对话中。我通过（B）做深呼吸（breath）来调整自己的反应，然后（C）投入好奇（curiosity）以便了解更多的情况。我想桑德拉的情绪里混杂着恐惧和悲伤。当我问到她感觉如何时，她说她感到惶恐不安又悲伤不已，随后她又补充说自己还感到很内疚。

“我本来能为他做更多事情。”她告诉我说。

于是我开始设想试图帮助别人却把情况弄得更糟是一种怎样的体验。(事实显然并非如此，伤者的腿在爆炸中被弹片严重损伤，已经无法抢救。) 这是一种换位思考和想象演习法，因为我自己从来没有经历过此种情形。在我的治疗中，我是不能够流连在分担痛苦的时刻的，虽然这种分担在初期可以让我对来访者的恐怖经历产生共鸣，但我必须进入更深思熟虑的模式，发挥自己作为心理治疗师的专注和专业技能去理解她所经历的事情。桑德拉需要治疗，她需要有人能为她证明那一切都是真实发生的，并帮助她从心理创伤中恢复过来。

神经影像学的研究已经揭示了共情在大脑中是如何被激发的。这类研究一般是让受试者躺在磁共振扫描仪里观看一些图片或视频，这些图片或视频可以激活与共情有关的脑区，然后仪器会记录下他们观看这些影片时大脑的活动。研究者已经探明了当人们对他人产生共情时会激活的不同脑区。研究共情的神经科学家做出的最重要的贡献之一，是证明了共情能力包含了情绪（情感）和认知（思考）两个部分。综上所述，我们现在知道，当人们理解他人的困境并做出适当的反应时，即使他们自己感觉不到完全相同的情感，也能够通过想象获得相应的认知经验，从而引发共情。

共情能力是我们必须具备的一项基本的人类特质，融入了我们生活的方方面面，从养育子女到教育体系，从医疗保健到工作和商业活动，还有法律事务、艺术、环境、网络世界以及领导能力和政治事务等。我们将探讨共情为何能够以及如何帮助我们考虑一些可能的前景，这些前景仅靠我们自身无法实现，却能够在我们彼此理解和合作时，凭借"共享大脑"的力量而实现。由于共情与保障亲代抚育和后代的存活密切相关，因此亲代抚育模型为理解其他背景下的共情奠定了基础。

在过去，人们认为共情是天生的，并没有什么改变的余地。然而，对于我们这些做共情应用研究的人来说，共情可以被教授是很重要的。我自己实验室的研究已经验证了这一假设。我们发现医生在经过共情训练后，会得到病人在共情量表上更高的评价。具体的干预措施可以提高感知、换位思考以及自我调节的技巧，这些技巧可以保护我们不被他人遭受的痛苦所淹没，从而避免自己陷入困境。共情在理解他人的体验和掌控自己的感受之间保持着微妙的平衡，只有这样我们才能提供帮助。我们需要学会控制自己的共情反应，这样即便不能很快地找到适宜的话，我们仍可以传达关切之情。

## 什么是共情

"共情"（empathy）这个词是在 20 世纪早期才出现的，词意源自德语中的一个术语 Einfühlung，意思是"感情进入"，最早提这个词的是 19 世纪中到晚期的德国美学家，他们用这个词来形容通过欣赏艺术品和感受他人的体验而引起的情感体验。词形则衍生自 20 世纪初的希腊语" empatheia"（em"进入"+pathos"感受"）。这种艺术家能将激发创作绘画作品的情感投射给一个从未与之谋面的观者的现象，是对于我们如何"感受"他人情感的最初的描述。这个词最初的含义里描述了与绘画或雕塑的动觉联系，它还包括一种被艺术感动的感觉以及与之深刻的情感共鸣。

"共情"这个词经常会跟其他类似的术语混淆。你可能会把"同情"和"共情"这样的词换着用，但是对研究者和科学家而言，它们代表的意思是有区别的。两个词中"同情"出现得更早，它的古希腊词根 sún 和 paths 的意思分别是"一起"和"痛苦"。"同情"一词的由来是基于对人类拥有相似感受的观察，因为这些感受在一定程度上可以分享，所以我们能够识别他人的感受。但在现如今的使用中，同情的意思与“为他人感到难过”或“怜悯别人”是一致的，不再用来表示对他人苦楚的感同身受。

例如，你会对在工作中苦苦挣扎、迫切需要找到新工作的人深表同情，即便你对自己的工作非常满意。怀有同情代表的意思是，这个人遭受的不幸和痛苦是不值得的。同情可以描述为当你看到窗外有人在冷雨中颤抖时的感受，你为这个人感到难过。共情犹如你想象自己走进冷雨，同这个人站在一起，犹如亲身经历体验他的寒冷与不适。注意，如心理学家卡尔·罗杰斯（Karl Rogers）指出的那样，不要漏掉“犹如”这一特性。这一点很重要，因为这样才能让你不会仅仅专注于自己的不适，从而想出更好的办法来帮助这个人。共情是一种动态的能力，可以让你分享别人的体验，表达关切，从别人的角度思考，激发关怀响应。完整的共情循环会导向关怀响应：你收拾妥当来到雨中，给这个在雨中冻僵的可怜人递上温暖的雨衣和雨伞。

在20世纪早期，心理学家开始将共情视作一种理解人际关系基本成分的方式。20世纪中期，罗莎琳德·卡特赖特（Rosalind Cartwright）在康奈尔大学工作期间，首次开展了一些测量人际共情的测试。做这些测试时，她没有理会共情早期意思中强调的“对接受者情感的投射”，将其重新定义为“对感受的感受”。在此过程中，她故意摒弃了共情的早期含义中想象投射的意思，转而强调人际关系是这一概念的核心。将“共情投射”和真正的共情关怀间的区别联系起来并不难。

在共情投射中，人们以你所分享的为跳板，将他们自己的体验加于你之上。投射者经常会不加理解、不带慰藉地用自己的故事抢了你的风头，将你反置于安慰他的位置上，而不是产生情感体验上的联结。

随着后续进行的一系列有关共情的实证研究，心理学家开始区分“真的”共情和他们所讲的“投射”，将前者定义为准确地评估他人的想法或情感。然后在 1955 年，《读者文摘》（*Reader's Digest*）将这一术语以“在评估他人的情感时，不代入自己的情绪从而避免判断受影响的能力”介绍给公众。这个定义是我们今天所透彻理解的共情的雏形。它表明，共情需要从认知上理解他人的感受，有情感的共振，能够将自己与他人的感受加以区分。这样，我们可以准确地感知他人的感受，而不至于使自己陷入情绪化的危险，被他们的情绪所淹没。

共情能力需要多个脑区的复杂整合。心理学家海因茨·科胡特（Heinz Kohut）在 1959 年将共情定义为“间接的内省”，并强调了把别人的感受当成自己的感受来考虑，然后再客观审视这些感受的能力。在心理治疗领域，他认为共情是“心理之氧”，是每一段心理治疗关系中所必需的成分。

我们现在使用共情这个词时，超越了同情或为他人的不适而难过的意思，而扩展到理解他人实际的情感感受并从他们的角度看待世界。根据定义，共情不是独立的或抽象的。这需要深刻理解他人的内心世界、他们生活的背景以及由此产生的行为后果。要实现共情，你既需要接纳他人经验的感知通道（作为研究人员，我称其为“输入”或传入路径），也需要激发响应能力的响应通道（带有“输出”或传出信号、言语或非言语行为，例如面部表情和肢体语言）。

在过去的数十年，共情这一新的意义已经被神经科学家所证实。通过数量众多的神经影像学研究，他们发现了我们在认知层面同步理解他人经历时与他人共通的神经回路。因此，共情兼具情绪和认知（或者说思维）的成分。也正因为如此，同那些跟你相像、经历类似或者有相同目标的人产生共情是很容易、很自然的事情。例如，如果你自己的亲属中有养育一个有学习困难或身体残疾的孩子的家长，你更容易对类似情况产生共情。

## 共情与同情

现如今，与共情相比，我们把同情视作一种情绪紧张度更低的现象。你会为别人的苦楚感到不是滋味，但是不会强烈到变成情绪上的沮丧。当你听说一个熟人最喜欢的老师去世了，出于礼貌你可能会送一张卡片以示同情，但那不表示你感受到了他的丧师之痛。如果你目睹一个好朋友失去了与自己关系很亲密的人，你的感情 – 行为更有可能跨越到共情。你在生活中的经历越多，以及越多地意识到所有人类所共有的相似情感，你对全人类的共情能力就会越高，不会仅局限于跟你关系密切的人。

艺术家帕特里夏·西蒙（Patricia Simon）提供了一个很好的例子来说明共情和同情的不同。在 2010 年，她和她的家人去了一个现在看来很欠考虑的地方度假：叙利亚。

“我们爱上了这个美丽的国度和多彩的异域文化，特别是当地的人们。”她回忆说。但是他们返回家中不到一年，叙利亚的政治局势开始恶化。不久，帕特里夏的电视和电脑上开始出现被炸毁的废弃村庄和历史古镇的画面，那正是她曾经到访过的地方。她变得十分关注叙利亚人民，她和她的丈夫迪克（Dick）注册了名为卡拉姆基金（Karam Foundation）的非官方组织，该组织把美国人派遣到土耳其 - 叙利亚边境去为难民儿童提供教育服务。

当我问帕特里夏——熟悉的朋友都叫她帕蒂（Patty），是什么驱使她涉足危险的战区，基本上是冒着生命危险去一个不是她的家乡，她也不是真的认识那些人的地方，她的答案揭示了很多我们作为人类所经历的不同类型的共情。

“我成长的过程中每过几年就会搬一次家，”她说，“我永远是街区里新来的孩子，一个外来者，我变得对被边缘化和隐形的人非常敏感。他们的遭遇远不止于此，但我能理解他们。我见过叙利亚人，我去过那里，所以我感到与他们是一起的。”

共情比同情需要更多的想象力和洞察力。帕蒂及其家人对此深有体会，她曾亲身经历过与叙利亚人一样流离失所的困境，因此她知道这些人的感受。当你产生同情心时，你可以通过自己换位思考的能力想象别人遭受的痛苦。你还可以想象别人在想什么，是什么在激励他们，以及他们有什么愿望。一般人可能对叙利亚难民正在经历的事情感到同情，但是像西蒙夫妇这样曾目睹了国破家亡的人，抑或在其他种族灭绝中幸免于难的人，可能会为叙利亚难民经历了战争、失去了亲人和家园而共情。更令人赞叹的是，帕蒂和她的密友们组织了一些妇女团体，她们通过卡拉姆基金向叙利亚的孩子们发送护理包和其他补给。一个人的共情反应已经扩展到一个群体，如果没有帕蒂的启发，这个群体可能永远也不会行动。帕蒂对他人痛苦的感知，部分是通过自己的经历来实现的，从而引发了连锁反应，这种怜悯可以通过情感和认知上的共鸣来实现。因此当我们看到怜悯时，就知道共情的循环已经完成：从感知他人的痛苦到产生共情，再到通过怜悯激发的一系列行动去缓解他人的痛苦。

第2章

# 共情的三个部分

在本章中，我们将更深入地探究大脑产生共情的作用机制。

有这样一个真实的实验：想象你自己看着我的手指被针刺。科学家先观察了一组受试者躺在大脑扫描仪中接受手指被针刺时的大脑活动，以精准定位参与疼痛感知的神经元。在同一实验中，另一组受试者则躺在大脑扫描仪中观看这一针刺手指的视频。

研究人员发现，观看针刺手指视频组的受试者基本上复制了被针刺组受试者的切身疼痛体验，他们的神经系统就像自己真实感受到疼痛一样做出了反应。有趣的是，被针刺后感受到的真实疼痛与观看针刺手指视频激活的是同一神经网络。当大脑中一个叫脑岛的部位开始活跃时，由于这个区域有些神经元是负责对疼痛做出生理反应的，你会感受到疼痛。事实表明，在你仅仅目睹产生疼痛的行为时，相似的神经元集合也会活跃起来。通过模拟刺痛会是怎样的感觉，你的大脑激活了与真实经历刺痛的人相同大脑区域的神经元，如同你亲自体验了疼痛。这就像是疼痛的镜像，虽然疼痛感的程度略轻。这种镜像是很了不起的，也很有用。因为如果你完全体验到跟受害者同等程度的痛苦，你的共情就会受阻。试想你此时会关注谁的痛苦？当然是你自己的！这是一个非凡的特性，它让我们以间接的方式体验他人的痛苦，而又不会过于不知所措以至于无法向别人提供帮助。

有两个重要的原因解释了为什么你的大脑会被启动去体验别人的痛苦：一个是教你避免受到伤害，另一个则是激励你去帮助受伤的人，不管他们的痛苦是生理上的、心理上的、情绪上的，还是以上所述某种程度的综合。帮助别人让你自我感觉良好，同时也会激励他人向你提供帮助。这被认为是人际关系中协作、合作和互惠的基础。通过感受他人的痛苦，我们有动力去帮助他们，从而给他人带来良好的感觉，确保帮助他人的行为有可能得到回报，并通过完成整个共情过程最终确保我们物种的生存。我们有专门的神经元帮助我们学习别人大脑中发生的事情，这些神经元构成了人类“共通的心智能力”的基础。

镜像神经元是大脑特定区域的特殊脑细胞，这一特定区域称为前运动皮层，亦称“F5 区”或顶叶皮层。它们最早是在 20 世纪 90 年代由意大利研究人员在灵长类动物身上进行实验时发现的。当一个灵长类动物做出某一动作，而其他灵长类动物观察到这个动作时，它们大脑中这些特殊的脑细胞都会活跃起来。这些独特的神经元被命名为“镜像神经元”，因为它们主要将被观察者大脑中发生的事情备份并映射到观察者的大脑上。尽管非人物种中，研究者只在我们的灵长类亲戚中发现了镜像神经元，但镜像神经元的发现引发了神经科学领域研究的激增，这些研究后来发现触觉、痛觉及特定的情绪（如恶心）在大脑中的共同回路，这些区域包括大脑躯体感觉皮层、脑岛、前扣带回。

研究人员对猕猴的运动皮层进行了研究。这是科学界第一次明确指出，观察者的大脑绘制了与被观察者相同的动作图谱。在此之前，科学家普遍认为我们的大脑利用逻辑思维过程来解释和预测他人的行为。现在我们可以确信，这些神经系统的“镜子”和共通的神经回路使我们不仅能理解他人的想法，还能感受他人的感受。

为什么大脑会进化出这个惊人的网络回路？如果你问科学家们这个问题，有专家会说是目击者在观察到别人受伤时的自我保护机制。例如，如果你看到有人被尖锐的物体刺到，你在操作尖锐的物体时会更加小心。还有专家会说，此般进化会使我们积极帮助他人，为整个群体带来直接好处，并将其扩展到家庭、社会和全人类。回溯到我们的原始部族，看到有人吃某种东西时面露厌恶之色，会让旁观者有一种恶心的感觉，因此教育整个族群不要吃这样的东西。我相信这两个动机都是正确的，作为个体，我们必须通过学习如何避免危险来尽可能生存下去，这有助于确保我们的种群得以延续。

越来越多的证据表明，共情是部分固化到大脑中的，并分成三个不同的方面：情绪（情感共情）、认知（思维共情）和共情响应的动机。对于一些高度敏感的人和共情者来说，体验共情是自然而然发生的。有些人必须控制他们的情绪共情来使自己足够客观，以便完成他们的工作。想一想消防员，或者外科医生，他们在执行技术操作或任务时，必须非常专注，不能分心，一直到工作完成。那些不那么高度敏感的人可能需要训练他们的共情能力。大多数人至少有一些天生的共情心，因为它确实在我们的进化史上占有一席之地，可以追溯到我们祖先大脑中的镜像神经元。为了充分理解我们如何才能充分利用共情来提升我们的关系和生活，我们需要对这些内容有更全面的了解。共情不仅由我们如何感知信息产生所驱动，也由我们如何理解信息、如何被信息所驱动，并利用它来激励我们的行为产生。

一些科学家认为，共情是我们大脑的默认模式。因此我们必须抑制它，这样我们就不会经常关注他人的感受，以及因为他人的感受而分散注意力。有两类人是极端的，一类是那些根本没有学会抑制共情的人，另一类是那些已经变得非常擅长抑制共情的人，而大多数人则介于两者之间。

## 情绪共情

我们在上一章提到的帕蒂·西蒙，童年时期因为父亲的工作变动而频繁搬家。在很小的时候，她便对被忽视和不受欢迎的感觉十分敏感。她很快发现，生活对她来说并不是那么艰难，她从来没有像叙利亚的难民那样饱受战争的蹂躏。然而，这些早期的经历塑造了她的情绪大脑，因此当她看到新闻中发生的事情时，她认为自己和叙利亚难民的切身感受是相通的。这并不是说当她决定提供帮助时，她可以把这些感受诉诸言表。现在回想起来，她说，当她看到电视屏幕上出现炸弹和建筑倒塌的画面时，她感到共情汹涌而来。用心理学术语来说，她的反应是我们研究人员所说的情感共情，我们也可以用更简单的术语称之为“情绪共情”。这是我想为你描述的共情的第一个方面。

共情的情绪方面是容易理解的，从某种意义上来说，就是你可以感受到其他人的感受。当你看到别人有困难或感到痛苦时，你可以根据你自己对痛苦的熟悉程度或过去的经历，立即想象到他们的内心体验从而感同身受。对于帕蒂和迪克来说，那就是每天的晚间新闻上都能看到叙利亚母亲和孩子脸上流露出悲伤、恐惧和孤独的表情。数以百万计的人观看同样的故事，但无论出于什么原因，对许多人来说，这么做并没有提升他们情绪共情的水平。

通常来说，大多数人都有情绪共情的能力。例如，我们中的大多数人，都曾在某一时间目睹别人被玻璃片割破了手，因此当你看到此类事件时，你的记忆会被唤醒，你发现自己有些不好的感觉，包括情绪上的和生理上的共鸣。当你生动地想象划破你皮肤的玻璃片是何等锐利时，你可能会出现生理上的畏缩。有可能只是通过阅读刚才的内容，你就产生了些许这种感觉。注意，情绪的共情反应是有现实意义的，当你看到别人痛苦时，你可能会畏缩，但请记住：你实际上并没有完全相同的经历。如果你有，你将会专注于自己的痛苦，这可能会妨碍你帮助其他陷入困境的人。共情涉及的复杂的神经系统可以让你观察到别人受到的伤害，并让你感受到恰到好处的痛苦以考虑是否帮助他们。

同样重要的是，情绪的共情会教你如何避免痛苦。如果没有对基于外部观察到的疼痛进行内部表征，那么你能注意到正在发生的事情，但不会从中吸取教训。这样的话，唯一能使你认识到拿玻璃片划过皮肤是个馊主意的办法，就是你亲自体验一下它的震撼力。

情绪共情还必须与自我调节保持平衡，以帮助你控制过度的情绪唤起水平，从而避免可能产生的界限不清和个人困扰。如果你每天都遭受太多的痛苦和折磨，如果你从事的是肿瘤医生、社工或狱警一类的工作，那么当你一天的工作结束后，过度的情绪共情会导致抑郁、焦虑和倦怠。这样的情况下，原本敏锐的共情反应会变得迟钝，你会开始让自己远离人类的体验。在医学界，我们称之为“同情疲劳”。

当一个人和我们最相似，或者当我们至少感觉到彼此有相似之处时，情绪共情会更加活跃，就像帕蒂对叙利亚难民所做的一样。本能地，我们更倾向于伸手去帮助我们的亲戚、附近的邻居们、一起做礼拜的人或孩子在同一个曲棍球队打球的人。共情，正如大多数人所表现出来的那样，当一些事情发生在一个和你有很多共同点的人身上时，它往往是生动的、善良的，并且表现出好的行为。相反，当一个人来自不同的社群、不同的民族或种族时，情绪共情可能会很弱或不存在。不是所有人都能像帕蒂和她的丈夫那样，我们之所以会为不同的国家和人民的遭遇感到心痛，是由于另一种共情方式在起作用：认知共情。

## 认知共情

不知从何时起，帕蒂和迪克从情绪上的共情转变成了一种认知上的共情，而这种转变促使他们采取实际行动。对他们夫妇来说，就是留下来教那些无学可上的孩子。他们不会说阿拉伯语，孩子们不会说英语，但作为一名艺术家，帕蒂可以准备艺术课程和项目供孩子们积累学习经验。

“孩子们内心的创伤被他们那不凡的坚韧覆盖了。他们只是想当个孩子，能够欢笑、画画、学习、打球，”她说，“我希望他们中的每个人都知道我来自美国，我们确实关心他们。”

认知共情或思维共情是一种管理所有感知信息的方式，这些感知信息都存在于你自己的意识感受中。在你体验认知共情之前，你需要一些源自你的心理发展和行为能力的成分。认知共情所需的第一步，是有能力在基础层面上理解与你的想法和感受不同的人。

这被称为“心理理论”，被认为是心理发展的一个里程碑，儿童大概从 4 岁或 5 岁开始发展这一能力。太小的孩子还无法去理解每个人有独立的大脑、心智、思维和感情。我女儿 3 岁时的一个晚上，她一边吃苹果派一边和她祖母通电话，她在电话里问祖母要不要吃一口。她的祖母当时在另一个城市，并不知道她在吃什么。我女儿那时候还没有发展心理理论，她不知道祖母无法共享到她即时的经历和体验。作为成年人，我们认为心理理论是理所当然的，但当特意强调时，你可以看到它所起的作用。你可能看到有人飞奔着赶飞机或公共汽车，却没赶上，车门“砰”地关上了。你不需要知道错过公交车的人的详细信息或有关事宜，就可以立即理解他的各种感受。同样，你只需要看一张别人玩滑索的照片，就可以快速通过他们的面部表情判断他们是感到兴奋还是恐惧。

心理理论不等同于“读心术”，但在一定程度上，它是一种能让你理解他人在当下时刻想什么的能力，同时也理解他人的决定、意图和信仰可能与你不同。事实上，取决于彼时的人和情形，以及你的心情，你甚至可能会对那个完全陌生的人产生共情，因为你懂得错过公共汽车或在滑索上眩晕的感觉。如果没有心理理论的认知基础，共情并不容易产生。我们从对自闭症的研究中了解了这一点，自闭症患者大脑中与认知共情相关的区域的神经回路并没有很好地发展。我们也知道，在患阿尔茨海默病或其他类型的脑损伤的情况下，心理理论可能会被切断。

心理理论让我们可以推测他人的想法、意图、情绪和欲望，从而引导我们进入认知共情的下个阶段，即“换位思考”。这是认知共情的重要组成部分。在认知共情中，我们通过他人的眼睛看世界。换位思考需要注意力、想象力和好奇心。在神经科学的研究中，当人们采纳他人的观点时，先前被观察者大脑中活跃的区域，也会在观察者中被激活。我们必须从另一个人的生理、心理、社会和精神的角度来理解这种情形。

与共情能力的其他方面一样，从一个与你相似或内群体（与你有共同点）的人的角度看问题要来得容易些。从一个群体外的成员（比如另一个社会群体中的某个人）的角度看问题则变得更加困难，它需要更多的注意力和工作记忆，这是认知上的要求。通过一个完全不同于你的人的眼睛看世界是需要耗费脑力的。当你设法从一个陌生的角度去突破和了解这个世界时，它通常有助于打破刻板印象，使你对个体以及他们出身的“部落”做出更有利的判断。在历史上，我们有很多这种关心某个引人怜悯的外人，从而成就经典的例子，如帮助解放奴隶的废奴主义者和二战期间犹太人的救助者。

## 共情关怀

在认知共情和情绪共情之后，共情关怀是共情的第三个方面。它是促使人们回应和表达关心他人福祉的内在动力。这是大多数人在想到“共情”这个词时通常会想到的。认知共情和情绪共情的主要好处是它们能激发共情关怀，从而激发行动和怜悯。当思维和感觉融合在一起时，你的共情行为就被启动了。首先你会与别人感同身受，然后你会领会他们的痛苦，接下来你真心关怀并施予怜悯。怜悯是共情关怀被激发的外在表现和证据，它是对他人痛苦的热心回应。你可能认为这种行为是常态的，但怜悯并不总是共情的最终归宿。

我有时将共情关怀称为“行为共情”，因为它可能导致怜悯行为，但它也可能给人带来痛苦。我想我们都有过目睹坏事发生却没有动力、精力或本事去做些什么的经历。每周我们都会在街上遇到无家可归的人。你可能会感到不安，但并不总是能有所帮助。有时候可能会出现不同的情况，你的共情关怀会引发怜悯行为，你会提供一些力所能及的帮助，如给点钱、食物或一条毯子。共情关怀可以表现为一种影响更深远的帮助方式：写信给国会议员，询问为什么没有更多的庇护所或给无家可归者提供支持和心理健康服务的项目等。我知道有许多人每天看到街上那些无家可归的人时会感到很无助。“近端共情”（proximal empathy）和“远端共情”（distal empathy）的概念很重要，因为不同的人在不同的时间会以不同的方式采取行动。怜悯行为可能小到例如你眼中一个关怀的眼神。即使是那种人与人之间短暂的眼神交接，也能让一个人从芸芸众生中的一员升格为独特的个体。不一定要做什么伟大的事情，但当你有了做点什么的打算时，你很可能会去做，因为你对周围事情的感知已经激发了你的共情关怀。

对我来说，我们时代最令人困惑的现象之一是，通过新闻广播和每日报道，我们对世界各地的痛苦和苦难有了更多的了解，仍然还有许多改善苦难者的处境的工作需要去做。我们渴望提供帮助，但是那些在最有权势的职位上能提供最大帮助的人，通常更加专注于个人权力，帮助富人，并在他们的支持者中扩大其影响力，鲜见他们为减少世界各地的苦难而努力。科学研究表明，权力与共情之间存在着反向的关系。这种距离常常使富人和有权势的人远离日常生活中的苦难。然而，多亏有成千上万的基层人员的努力，因为根深蒂固的共情回路在发挥作用，许多有需要的人得到了帮助。我们必须注意自己的共情感知何时会无法导向共情关怀和怜悯。正如我们将看到的，共情能力不是一种静止的状态，它波动很大，当我们的共情技巧变得迟钝时，我们的共情关怀是一个很好的指标。

第3章

# 何时共情？何时无法共情？

“孤独凄惶与不受欢迎的感觉是最可怕的贫穷。”

请花点时间仔细领会一下特蕾莎修女（Mother Teresa）这句话的意思。读的时候你有多少触动？在你脑海中形成了怎样的画面？你看到一个绝望的孤儿生活在贫困中，还是看到一个无家可归的老人在街角乞讨？

根据你自己当下生活的背景，以及你在想象这个画面时的心情，你可能至少会经历一种共情关怀。我们联想到了孤独、饥饿和孤立，即使我们从来没有像孤儿或无家可归的人那样的人生经历。然而，我们当中有些人读到特蕾莎修女的这句话时却几乎不会有情绪反应。这意味着你并不在乎吗？也许是，又或者只是因为你今天过得很糟，没有更多的精力去关注别人的不幸。

事实上，有时我们的共情能力会被激活，而有时候，即使在相似的情况下，它也会被抑制。我们体验到的共情关怀是不尽相同的。有些人会常常体验到阵阵担忧，还有些人则少有情感上的触动。就像其他人类情感和逻辑能力一样，共情也是一个连续的统一体，我们大多数人的共情水平都围绕中心分布。取决于情绪、饥饿感、睡眠以及你承担多少责任等一系列因素，你的共情水平每一天都会有所波动。

## 神经影像学的新发现

尽管神经生物学激活工作的方式对每个人来说大致是相同的，伴随着大脑中发生的特定且可记录的活动，但你何时、因何、如何能感觉到共情具有独特性。科学家使用功能磁共振成像（functional magnetic resonance imaging，fMRI[㊀]）脑部扫描技术可以观察到电脉冲在大脑中的传播。我们发现的越多，就越能了解到共情的不固定性，以及我们天生（我更愿意称为“天赋”）从一开始就与他人共情并保持情感的连接。然而，直到最近，意大利帕尔玛大学（University of Parma）的神经科学家们才有了突破性的发现，打开了令人振奋的新的大门，指引我们揭示共情时大脑活动的真谛。

---

㊀ 实际上 fMRI 是通过检验血流进入脑细胞的磁场变化而实现脑功能成像的，依据的是神经元活动时的血氧浓度相依对比，并不是原文所讲的观察神经元的电脉冲传导。——译者注

1996 年，意大利的一个研究小组正在研究当猕猴抓起花生放进嘴里时，这一从手到口的动作在大脑运动皮层上的活动。猕猴戴着被连接到功能磁共振成像扫描仪的帽子，每当它们吃东西时，它们大脑中 F5 区（第 2 章中提到过）就会活跃起来。有趣的是，有一次研究人员自己拿起一把坚果开始吃起来，研究小组观察到当猕猴看到科学家伸手去拿花生时，它们大脑中同样的 F5 区又活跃了起来。

接下来，研究小组稍稍控制了两只猕猴，让它们保持冷静，同时让它们看着自己的同伴们吃香蕉。猕猴的前运动神经元再一次以完全相同的方式活跃起来，就好像它们自己也在享用水果。实际上，被控制的猕猴大脑“镜像”了吃香蕉的猕猴的经历。尽管他们并不是冲着发现这些“镜像”神经元去的，但是意大利研究小组记录下了大脑的“一猴看，一猴做”所激活的单个神经元。

从那时起，有数百项研究证实了这一原创发现。我们现在知道，镜像现象或者共享神经回路机制并不直接涉及镜像神经元，而是与人类的其他回路有关，会被更多花生和香蕉以外的事物激活。人类的神经回路也会被其他人的面部表情和姿势所激活，这是共情反应的神经基础。多亏了这些特殊的神经元，一张笑脸会让你感觉更快乐，受惊吓的面孔会激起你的恐惧，愤怒的面部表情会让你保持警惕。

在过去的十年里，研究人员探索了“共享神经网络”在共情反应中的作用。德国莱比锡马克斯·普朗克人类认知和脑科学研究所的神经学科学家和心理学家塔妮娅·辛格（Tania Singer）专注于探索共情领域以及我们的大脑是如何处理他人情绪的。在 2004 年，她和她的同事们邀请已婚夫妇参加一项测试共情能力的研究。辛格让女伴躺在功能磁共振成像扫描仪中，然后用电极将这对夫妇的手相连，电极会给女伴的手带来疼痛的电击。研究发现每一名女性受到电击后，会收到一个就像她伴侣的手也受到了同样电击的信号。功能磁共振成像扫描仪记录了女性在受到电击时以及当她们知道自己的爱人受到类似电击时的大脑活动。

辛格和她的团队在分析结果数据后发现，无论是自己还是伴侣受到类似的电击时，女性受试者大脑中的疼痛区域都会被激活。若只是伴侣被电击，这些区域的激活程度相对较低。这表明，人们的大脑有着共享的神经回路，有助于我们感受到他人的痛苦或不幸。辛格发现，人类能感受他人的痛苦，但痛苦的程度比他们亲身经历时要小，而产生如此差别的主要原因如下：我们虽然能感受到别人的痛苦，但不会被它淹没；通过了解是什么给别人带来痛苦，我们学会了避免这些情况，以尽可能地保护自己；我们也会被驱动着帮助别人，因为通过共情，我们感受到了他们的痛苦并产生了共情关怀。

辛格的论文是第一个报告人类体验疼痛时两种反应的神经科学研究。一种是我们体验到了“自身痛苦”，另一种是我们观察到了“他人痛苦”。她这一新的发现激发了一种新的研究思路：研究他人的情绪反应，而不是仅仅测量受试者自己的情绪反应。这也是第一个揭示人类大脑中与亲社会行为或助人行为有关的神经通路有多么强大的神经影像学研究。与“适者生存”模式不同，我们对他人痛苦的亲身体验激励我们参与合作，产生互惠互利行为，而这些行为对于人类的进步和生存是必要的。

辛格说：“在我进行这项研究之前，有些人甚至预测我会发现一个‘空洞的大脑’。我认为这是一个更大变化的开始，关乎全面理解从夸张的利己主义和个人主义走向利他主义和相互依赖观念的重要性。”大脑的这种相互依赖正是我所说的“共通的心智”的基础。

## 共情的触发器

所有这些具有吸引力的科学研究表明，我们在神经生物学层面上的联系比我们以前认识到的要更多。不管我们有没有意识到，我们都在不断地、自然地与彼此的感受产生共鸣。当我们进入了共通的大脑意识时，互帮互助和协作解决问题的可能性大大提高。只是这种共鸣会被许多因素增强或减弱。

想一想你在节日期间收到许多慈善机构寄来希望你募捐的信。信里介绍的都是有价值的事情，且都有助于人类、动物和环境。你经常会立即意识到哪些事情会让你去拿你的支票簿，哪些是“可能”，哪些是你会放弃的。从你的生活经验中可以看出，哪些事情最接近你的内心，值得你为之捐款。让我们来做一个快速练习来演示我所说的。

看看下面的组织名称。假设你有 1000 美元可以分给它们。哪一个能得到 100 美元？哪一个能得到 50 美元？哪一个是零？还是说你会把所有的钱都捐给一个慈善机构？

国家野生动物基金会（National Wildlife Foundation）

救助儿童会（Save the Children）

肌肉萎缩症基金会（Muscular Dystrophy Foundation）

仁爱之家（Habitat for Humanity）

劳伦·邓恩·阿斯特利纪念基金（Lauren Dunne Astley Memorial Fund）

联合国教科文组织（United Nations Educational，Scientific and Cultural Organization）

苏珊科曼乳腺癌基金会（Susan G. Komen）

绿色和平组织（Greenpeace）

微笑列车基金会（Smile Train）

美国防止虐待动物协会（American Society for the Prevention of Cruelty to Animals）

无国界医生组织（Doctors Without Borders）

许愿基金会（Make-a-Wish Foundation）

这项任务对某些人来说是非常具有挑战性的。毕竟，谁不想帮助所有这些团体做好工作呢？但我敢打赌有一个是你没有考虑过的——列表中排名第五——一个叫劳伦·邓恩·阿斯特利纪念基金（LDAMF）的组织。因为该组织是我所在的社区里的一个地方基金，所以你很可能不知道它是什么。你对它的存在并不熟悉，而且它的名字没有透露它的功能，这很可能没有能够促使你选择它。

讲这个故事是为了告诉你，你对一件事情的认同度越高，你的共情心就越强，从而会增加你的行善的可能性。也许你认识一个得乳腺癌的人，或者你养了很多宠物，还喜欢动物，与之相关的类似组织将吸引你的注意力和共情。如果我告诉你“LDAMF”代表劳伦·邓恩·阿斯特利纪念基金，是一家旨在提供恋爱教育的基金，你可能还是不愿意提供捐助。然而，如果我告诉你劳伦·邓恩·阿斯特利是我女儿童年时期的朋友，她在读高中时与男友分手后被男友杀死，这可能会引起你的注意。这个小的基金引起了马萨诸塞州众议院的关注，使众议院高度重视恋爱教育。我们通过这个悲剧为时已晚地认识到，男女在分手后绝不能单独与前伴侣见面。邓恩·阿斯特利家族致力于教育年轻男女，帮助他们了解恋爱关系中情感的复杂性，继而防止暴力行为的产生。这些教育努力涵盖了所有种族、信仰、宗教、年龄和性别，适用于所有社会成员。

在人与人的层面上，我们在确定信任、共情和资源优先级时是一样的。我们与他人和他们的生活经历的联系越直接，我们就越能感同身受。正如在第1章中所提到的，与我们联系最密切的人是那些我们认为属于“内群体”的人，这个群体对你来说并不难辨认。这些人通常与你有着相同的种族、宗教、阶级、教育程度和政治派别。内群体可以是同一运动队、学校、社区、汽车俱乐部或任何你自我认同为其成员的团体。你能想出你所属的五个小群体吗？

心理学家称我们对熟悉的人的偏爱为“内群体偏好”。几千年来，人类主要生活在部落和小社区中。我们的生存依赖于内群体，内群体的成员跟我们看起来相像，说同样的语言，吃同样的食物，崇拜同一个神，如此等等。即使现如今，在一个互联数字化的世界里，我们人类仍然表现出部落式的行为：有时是无意识的，有时则满怀豪情（倘若你是职业体育运动项目的粉丝，你对此应该非常了解）。

内群体偏好也会带来问题，它限制了我们对与自己没有共同特征的人，即所谓的“外群体”，产生共情的能力。你甚至可能没有意识到你已经把很多群体都排到了外群体，但我们所有人都是这样的。例如，对我们大多数人来说，无家可归的人一般都属于外群体，以至于对一些人来说，无家可归的人不再被视为人类。有些人会自然而然地把肤色与自己不同的人视为“外群体”。其他人也会自动将国籍、政治派别、性别、生活方式和宗教信仰等列入排除因素，这个单子可以列得很长。

群体偏见是如此根深蒂固，而且常常是潜意识的，以至于我们大多数人都难以做到客观。宾夕法尼亚州理海大学（Lehigh University）最近的一项研究发现，当白人受试者面对一张黑人面孔图像时，他们的大脑会经历短暂的延迟，因为他们会有意识地想应该如何对与自己肤色不同的人做出反应。其他研究表明，白人受试者需要更多的时间来准确识别黑人面孔表达的情绪，而且很容易混淆恐惧和愤怒。当激发受试者的焦虑感后，再让他们看到黑人的面孔图像时，他们的时间知觉会变慢，而且他们会觉得他们暴露在图像下的时间比实际时间更长。这种带有种族偏见的延时的发现，对于警察如何应对黑人脸上的情绪表情有着极其重要的启示。如果一张面带恐惧的脸被误认为是带有愤怒或攻击性的表情，那可能意味着生死之隔。这种在面部知觉上的差别可能影响我们的一切，从执法部门如何对待嫌疑犯，到教育工作者与学生相处的时间，再到雇主对求职者的反应。我们的社会承受不起继续犯这些毁灭性的错误的代价，并迫切需要进行共情训练来改变这一现象。

在我自己的工作中，我看到了共情训练是如何帮助医生和其他卫生保健工作者与来自陌生社区的患者进行沟通交流的。我亲眼看到站在不同人群的立场上思考，让这些患者看起来不再仅仅是数字或物体，而更像是人类同胞。除了我自己的研究，值得一看的还有诸如在密苏里州立大学（Missouri State University）的一个研究项目中共情训练所起到的积极作用。在那里，接受定向行走训练员培训的学生必须学会戴上眼罩在当地街道上行走，这样他们就能更好地理解盲人的日常经历。这门课叫作“蒙眼课”，学生需要蒙着眼睛 160 个小时。新技术也能使人们更深入地了解他人的经历。在一次危及生命的事故中，戏剧艺术家简·甘特莱特（Jane Gauntlett）遭受了严重的脑外伤，导致了间或的癫痫和定向障碍。之后，她在一个叫作“我的鞋子”（In My Shoes）的项目中通过虚拟现实模拟了她的经历。人们戴上护目镜，可以更近距离地感受癫痫发作时的情况。本书后面会有更多这方面的介绍。

虽然没有任何运动或模拟能给你完全的残疾体验，但它们让我们能理解他人所面临的挑战和感受。我们中的大多数人都无法想象坐轮椅上公共汽车的感觉，以及无意听到其他乘客因为被多耽搁几分钟而感到恼火，产生带有敌意的低声抱怨是多么的痛苦。除残疾本身之外，感觉自己给别人带来不便是一个巨大的负担。

## 共情疲劳和共情伪装

对一些人，尤其是从事护理工作的人来说，共情不足会成为一种职业危害。我想你一定听说过共情疲劳。有些人可以划定自我保护的界限，将自己的感受与他人的感受区分开来。然而还有些人在目睹别人遭受痛苦时可能会变得越来越不安，可能需要培养自我调节的能力，以避免混淆他人的需求与自己的情绪反应之间的界限。

大脑的共情能力有基因和神经生理学基础。我所开发的共情培训项目包括增强对他人情绪的感知技能、自我调节和自我管理技巧。这些技巧和策略有助于管理所谓的“情绪传染”，即几乎立即捕捉到他人的感受，就像有人在你没躲开之前对你打喷嚏一样。其中一种我们所教授的适当的共情反应方法是，加强认知方面的共情，同时提供管理和缓解过度情绪反应的策略。我们教授的一些练习包括引导想象、腹式呼吸以及正念冥想技巧。

自我调节最简单的方法之一是深呼吸，当你吸气时，对自己说“我正在最大程度地吸气”；当你呼气时，说“我正在最大程度地呼气”。我课堂上的许多人发现，这种简单的技巧比在你说话前数到 10 的传统建议更有用。没有深呼吸的计数不会像腹式呼吸那样降低心率和血压。当你深呼吸或慢呼吸时，它们会激活颈部动脉的压力传感器（称为“压力感受器”），从而降低血压，减缓你的身体响应，有助于避免“战斗或逃跑”反应的产生，而计数可能只是延迟不受调控的情绪反应。

有些职业，如警察、医生、护士、社会工作者和教师，都有出现共情疲劳的风险。在这些工作中，人们往往会感到沮丧和痛苦。他们必须学会在认知（思考）和情感（情绪）共情方面达到有效的平衡，同时仍然能完成他们的工作。

例如，公众认为本应该热情和具有共情能力的社会工作者以及其他心理健康工作者，如果沉湎于当事人所面临的负面经历和多重障碍，可能会出现情绪耗竭和职业倦怠。通过专注于他们所能控制的事情，如为客户提供所需的服务和资源，以及在情绪繁重的工作与自我关怀之间取得平衡，他们可以更好地控制情绪负荷，避免抑郁和倦怠。同样地，那些对自己的工作非常上心的护士，如果专注于自己能控制的事情，学会向彼此以及他们的医疗团队寻求帮助，并花时间进行自我关怀等，可能会更有效率。事实上如此行事要比他们自己试图去管控一切要有效得多。

制度上的支持对于提供促进合作、减少繁重的工作和竞争的工作环境至关重要。明尼苏达州的一项研究表明，当医学专业人员在必须离开工作岗位去托儿所接孩子时，从病人护理岗位上解放出来，他们的工作倦怠感就会降低。无论职业或情况如何，平衡共情和责任对于传达人道主义和同情心至关重要，同时能保持有助益、有希望、有意义的职业角色。

讨人喜欢的人也有共情疲劳的风险。我们可能认为试图让别人开心是出于共情，但事实并不总是如此。通常取悦他人的动机更多是与需要被接受有关。如果你因为给别人很多但自己却没有得到足够的回报而感到愤恨或恼怒，你可能会有需要被接受的倾向。我要提醒大家注意：不要让自己被利用，或者更糟的是，习惯性地把别人的需要放在自己的需要之上，并相信自己是靠帮助别人而茁壮成长的。这种习惯会导致自我共情能力的削弱，而且从长远来看，还会导致对他人的愤怒和怨恨。你可以在第 11 章中读到更多的信息。

还有很多纵容行为也属于“感觉像共情但不是真正的共情”的情况。例如我们纵容诸如滥用药物和赌博之类的破坏性行为，或者没有为患有精神疾病的亲人寻求帮助。纵容者是第一个提供借贷、食物、住房、衣物的人，并为有药物使用障碍的人寻找借口。虽然这看起来像是共情，但事实上，纵容者的行为阻碍了所爱的人承担自己行为的自然后果，从而使问题长期存在。正在戒酒的人最清楚这一点，他们比任何人都能理解成瘾者可能经历的事情，但他们通常是最后一个成为纵容者的人，基于他们自己的经验，这不会有任何好处。

最后，我要强调的另一个共情骗局被称为“直升机育儿”，你已经看到了这一点：父母过度付出、过度保护，一直盘旋在孩子的头顶。一有状况父母就会突然出现、前来营救，而不让孩子自己去处理生活中的坎坷。他们说“我对我的孩子有太多的共情心”，但这并不是共情。尽管这些父母觉得是在表达爱，但实际上阻碍了孩子的发展，使孩子无法掌控自己的生活，无法在承担行为后果中学习。这样长大的孩子往往希望在职场中得到同样的保护待遇。我的一个同事曾经遇到她最近面试过的人的父母打电话给她，要求知道他们的儿子为什么没有得到这份工作，大骂她没有意识到他们的儿子是“最佳人选”。

## 共情的障碍

无论你的共情能力多么强大，或者发展得多么充分，你都无法一直对每个人都共情。你也不应该这样。思考一下当你读一个故事时采取行动，而读到另一个故事时离开的机制，是很有趣的。

在 2012 年桑迪胡克小学（Sandy Hook Elementary School）22 名小学生被屠杀后，康涅狄格州的小镇被大量的慈善援助所淹没，他们不得不招募 800 多名志愿者来处理寄往那里的所有物品。毛绒玩具、补给品和数百万美元被送到这个不需要物资的安静富裕小镇。尽管官员们呼吁公众将他们的善举集中用在其他地方，但捐赠物资还是照样送到了小镇。海啸般的善意涌入桑迪胡克的同时，美国还有近 2000 万儿童饿着肚子上床睡觉。

对于许多捐赠的人来说，这种共情的“即时方式”，是对想象中自己的丧子之痛的一种完全发自内心的原始的反应。每一名家长都能体会到丧子的噩梦，有人会故意开枪打死这么多无辜的孩子，这让他们觉得更加恐怖。这种原始的恐惧与我们与生俱来的共情和对孩子的爱有关，而它的根源是进化生物学。这种保护自己后代的动力是非常强烈和与生俱来的，因为贯穿整个人类历史，保护自己后代的行为一直是物种生存延续的必要条件。此外，虽然大多数人没有意识到这一点，但我们的大脑关心的是能够将我们的基因通过后代传下去。极度担心、保护自己的孩子是我们的基因得到延续的保证。

施仁布泽、悲天悯人，以及对桑迪胡克小学和其他惨案的受害者的源源不断的慷慨援助，也受到社会科学家所称的“可识别受害者效应”所驱动。无论是康涅狄格州的小学生，还是波士顿马拉松爆炸案的运动员和旁观者，我们越能直接认同受害者，越有可能敞开心扉、掏出腰包。所以，为什么我们会对其他同样遭罪，甚至比桑迪胡克小学屠杀事件和波士顿马拉松爆炸案更痛苦的情形没有反应？俄勒冈州大学的研究发现，在达尔富尔、利比里亚和卢旺达等地方，公众对人类灾难的抗议相对不多。研究表明，这种漠不关心并不是因为缺乏共情，而是一种任何努力都不会成功地提供帮助的绝望感。在铺天盖地的统计数据和数百万人挨饿的情况下，一个人的共情反应能起到什么作用？

面对大规模的全球性需求，像我们这样有共情的个人根本没有大脑容量去处理如此大规模的痛苦，我们做不到也很正常。然而，与决策者合作的专家们正开始寻找解决办法。例如，为非洲贫困农民一次提供 50 美元的小额信贷计划，非政府机构计划的扩展和全球技术共享合作社等，都是在保持个人化和关联性的同时最大化共情的例子。

当共情唤起时，我们有时会被阻滞而无法继续，还有其他原因。例如，人性的各种特征似乎与性别有关，女性自然处于共情量表的较高水平。塔妮娅·辛格的小组已经进行了一些研究，针对有关性别在神经共情反应中的作用。在一个实验中，她的研究团队雇用演员与研究人员参与玩金钱分配的游戏。一个演员被要求以一贯慷慨的方式行事，而另一个则被告知要在分配上保持一贯不公平。在游戏结束时，参与者对慷慨大方的演员表现出积极的情绪，而对不公平的演员则普遍表现出消极和不信任的情绪。接下来，辛格复制了她早先让夫妻们接受电击的实验。然而这次，夫妻们不再和爱人联系在一起，而是得到了关于这两个演员（参与者）的信息。结果相当令人意外，无论是公平还是不公平的参与者受到痛苦的电击，女性受试者都对被电击者表现了出共情心。对被电击者的怀疑和反感在女性受试者强烈的共情反应中起不到任何作用，但是男性受试者展示了另一种反应模式。当表现慷慨的演员被电击时，他们确实表现出共情，但对表现不慷慨的演员，他们却没有丝毫共情。事实上，当男性受试者知道不慷慨的演员被电击时，他们大脑中与快乐相关的奖赏中枢表现出明显的激活。

研究人员总结认为，男性的共情反应是由他们如何看待人们的社会行为决定的。与女性不同，男性对受人喜爱的参与者表现出了共情，但在惩罚那些他们不满意的参与者时，他们有了一种无可置疑的满足感。

尽管共情反应中似乎存在着固有的性别偏见，但有研究支持这些自动的神经反应是可以被修正的这一观点。无论我们谈论的是从未当过病人的医生，从未想象过残疾人生活的健全人，还是那些需要将他们的共情网络扩大到当前社交圈之外的人，我们都知道只要经过适当的训练，人们的想法可以迅速且深刻地改变。亲身体验他人所面临的困难似乎能显著提高共情能力。

在我自己对大脑共情可塑性的研究中最令人兴奋的发现，是在一项随机对照实验中通过对六个不同专业的外科医生的观察得来的。随机对照实验法在医学界是证明因果关系和衡量手术、介入或者药物治疗成功与否的黄金标准。“随机”是指受试者不按特定的顺序被计算机分配到不同的组，而“对照”则意味着我们会尽量排除可能影响实验结果或者造成偏差的因素。

在我们的研究中，在医生接受共情训练前后，真实的患者对医生的感知技巧和对患者的共情反应进行了评估。通过采用将在下一章讨论的E.M.P.A.T.H.Y.[㊀]技术，我们向医生示范了如何正确地“阅读”患者的情绪状态，并通过多种方法理解患者的信息，包括引入了一个由保罗·艾克曼（Paul Ekman）博士设计的经过仔细挑选的面部表情解码工具，他本人也是面部表情识别领域的一流专家。医生们学会了如何解读肢体语言和姿势等提供的线索，并发展了自我调节技巧和评估他人情绪的技能。通过这种简短、精确的训练，临床医生变得更加熟悉他们要面对的东西。实验小组还接受了如何处理困难沟通方面的指导。例如，学习如何处理处方药的操控性要求，把谈话从购买管控药物转向接受药物滥用障碍的治疗。他们通过共情倾听学习培养好奇心，而不是去评判他人。通过花时间加深彼此的关系和扩大关照范围，他们能

㊀ 商标E.M.P.A.T.H.Y.®是马萨诸塞州总医院向同理心公司的注册商标，并获得马萨诸塞州总医院的独家许可。

够开启关于药物使用的新对话，并探索新的、更健康的解决方案。经过短暂的共情增强干预后，实验组医生的患者满意度得分显著高于随机分配到对照组的医生。这项研究第一次证明了共情确实是可以学习的。

关于我们研究的好消息是，它非常清楚地表明改变医药文化是有希望的，而且重视关系的个人或组织都是相当有希望的。我们现在有了基于实证的工具来实现这一点。通过适当的培训，包括训练情绪智力、情绪调节、换位思考、自我与他人的区分以及其他基于大脑的适应变化的能力，我们可以在医疗保健和其他所有学习和实践共情原则的行业里，朝着更光明的未来努力。这正是我们在第 4 章要讨论的内容。

第4章

# 共情的七要素 E.M.P.A.T.H.Y.

我们在学校里学习阅读、写作、数学，还有许多其他的重要科目。很多教育工作者总是在强调教授阅读、写作、礼仪和人际关系这四门课程的必要性。我认为，我们大多数人在极其重要的两个科目上得不到真正的教育：非语言交流和共情表达。我们被教导要专注于“说什么”和某种程度上“如何说”，但很少有人指导我们“如何做”和“如何成就他人”。你可能会认为这类事情是不需要在学校里学习的科目，或者大多数人在这些方面都有自发的技能，但我认为事实并非如此。

当你只关注字面意思时，你会忽略非语言信号的重要作用。你从词语本身定义之外得到的信息，在情感交流和信息传递过程中至关重要。同样的短语会因其表达方式的差别而有着截然不同的含义。当有人说“衬衫不错”时，他可能是在迎合你的品味，也可能在侮辱你，或者是在跟你调情。这是一种语言和非语言错综复杂的“舞蹈”，由进化、社会因素和每个特定互动塑造。一些研究人员发现，我们的交流超过 90% 是非语言的，只有不到 10% 是基于我们所说的话。

从我的专业出发，我认为迫切需要教授医生非语言沟通的技巧，以促进医患之间更好地理解彼此。我经常看到医患之间的失败沟通，有时医生认为他们在说这件事，而患者听到的是另一件事。医生听到的是他们所认为的患者说的话，而患者可能会选择性地听自己想听的话。

这不是我凭空的想象，大量的文献支持了我的观察。其中有一项对 600 多人的有趣调查，揭示了医生如何将癌症风险告知患者。这一调查是由一个面向医生和初级保健从业人员的新闻网站——医景网（Medscape）发起的。在调查中，被调查者被问及是否开始与患者讨论癌症风险，超过 70% 的人说他们有。然而只有不足 30% 的患者记得他们的医生和自己讨论过这个问题。这种脱节可能导致严重的后果。大约 50% 的受访患者报告说经历了癌症的预兆和症状，超过 20% 的患者最终被诊断为癌症。

当医生和患者沟通良好时，症状会更早被发现，生命是能够被拯救的。显然，这种情况并不经常发生。医生和患者之间常常存在语言障碍，传递和接收信息的恰当方式存在着巨大的文化差异，非语言线索存在不易觉察但重要的细微差别。紧锁的眉头、交叉的双臂以及语调变化很容易被忽略。因此当你仅仅依靠文字沟通时，就有可能犯错误。

在一项对共情的非语言文化表达的系统综述中，我的研究团队发现了几种普遍的非语言共情表达方式，包括开放的身体姿势、热烈的面部表情以及舒缓的语调。有趣的是，即使当人们试图微笑着友好相处时，如果他们的手臂交叉在胸前或采取支配性的身体姿势，也不会被认为表现出了共情。与微笑不同，手臂姿势需要更多有意识地注意，以确保它传达出的是友好而非防御的意图。

我知道对医疗专业人员来说，应该有更好的方法与患者交谈并且倾听。所以我开始研究和试验各种方法。最后，我想出了 E.M.P.A.T.H.Y.，这是我新的教学计划中评估非语言行为的一部分。在 2010 年至 2012 年马萨诸塞州总医院住院医师共情培训的随机对照实验中，这个缩略语是我们共情训练的基石。在一项名为“医学沟通”的质量改进计划中，它也被用于培训数百名马萨诸塞州总医院的员工。使用它作为一个易于记忆的指南，我们能够展示这一首字母缩略词是如何引导医务专业人员去感知和回应与患者的语言和非语言交流中的重要细节的。

我很快意识到 E.M.P.A.T.H.Y. 工具不仅仅适用于医生，也可以应用到其他类型的关系和情境中。在人际交往中，共情是我们联系和帮助他人最强大的力量之一。像其他技能一样，它可以被塑造、微调、增强和管理。自从我开始使用

E.M.P.A.T.H.Y. 工具以来，我一直在测试和改进它，也看到了它如何帮助人在共情处世方面取得巨大的进步。我们已经把 E.M.P.A.T.H.Y. 工具应用到了其他行业，包括商业和银行业、教育、各种层次的身心健康护理。我想花点时间回顾一下这个缩略语中的要义，并解释它们在简明的、有共情的沟通中的作用。

## E 代表眼神接触

在一些非洲部落中，与“你好”（hello）对应的词是“Sawubona”，意思是“我看见你了”。这种文化认为，直视某人的眼睛是对对方人性的最高敬意，因为这意味着看到别人灵魂里的光。这种行为比我们所说的“嗨，你好吗”要更有目的性。在西方社会，我们说“眼睛是心灵的窗户”。甚至与某人短暂对视，你都会搜集到大量关于他的想法和感受的信息。

眼神交流是人类最早的体验之一。当母亲和新生儿相互凝视时，她们的大脑都会释放出一种联结激素——催产素。对关爱、联结和共情的感受涌入新生儿的脑灰质。母亲的眼睛也像一面镜子，向新生儿反馈了他们真实存在的确证。

事实上，研究表明，母亲的凝视对孩子的发育非常重要。早期缺乏目光接触会对孩子产生极其严重的不利影响。在母亲凝视充足的情况下，孩子大脑中协调社会沟通、共情调控、情绪调节和刺激评估的区域往往会发展得更好。在早期，缺乏与父母眼神交流的孩子更容易产生“不安全的依恋”，随之而来的是自尊的丧失、难以信任他人以及情绪调节的问题。

从一开始，眼神交流就是激活社交大脑共情区域的一个重要方式。正如眼动研究所显示的，当你看着某人的脸时，你的眼神会掠过眼睛、嘴巴或鼻子零点几秒，然后再跳到另一个点上。这些微停顿可以让你在脑海中拍下一张快照，以形成对这个人的印象，这揭示出大量的社会和行为线索。研究表明，在情感共情能力量表上得分较高的人，会花更多的时间去凝视眼睛，即使他们观察视频里的人时也是如此。

当我们面对面地与某人交谈时，类似于母亲最初凝视的过程出现了。此时我们通过另一个人的眼睛传递关于我们自己的信息。研究表明，我们如何使用眼睛凝视来建立情感联结是非常重要的，而且大脑能敏锐地察觉直接和间接眼神接触之间的差异。脑成像的研究表明，杏仁核被认为是大脑处理情绪的中心区域之一，当我们遇到令人害怕或让人愤怒的人时，杏仁核会不同程度地被激活，被激活的程度取决于他们是直接看向我们，还是转移了他们的眼神。

当面会谈有助于你将信息内化，并理解信息与你的关系。一些科学家认为，这种社会评估会激励你以更积极和利他的方式行事。在重要的业务讨论和健康护理回访中，优先考虑当面会谈的一个原因是：与会者可以获取到细小而微妙的信息，这些信息只能被当面进行评估。当今世界随着我们将交流转向短信、电子邮件和其他形式的数字通信，通过眼神交流评估他人所传达出来的情绪状态的机会越来越少。当有价值数亿美元的生意要谈判时，商界人士仍会坐上飞机，跨越半个地球去参加会议或签署文件。他们想直视未来合作伙伴的眼睛。

当你第一次见到别人时，可以在眼神交流时表示注意到他们眼睛的颜色来加深共情。你花额外的时间看他们的眼睛，不仅仅是简单的问候，还告诉他们你确实“看到”了他们。我指导的医学实习生说，注意眼睛的颜色会在接下来的事情中让一切大有不同，因为它强化了他们问候患者的目的性，即提高信任度，并帮助他们关注患者的个性。

不过，我不建议你长时间盯着刚认识的人的眼睛看。长时间与别人目光接触会让人不舒服。谨记文化和个体的差异也很重要。例如，在许多东方文化中，承认他人的存在是相当微妙的，长时间地直视他人被认为是不礼貌的。此外，有些人发觉很难接受和处理直接的眼神交流，如一些自闭症患者，他们的大脑处理加工涉及注视的情感线索的能力较常人是有所下降的。对差异的敏感程度和对他人文化偏好与规范的了解程度，是表达尊重和表现共情的关键。

## M 代表面部表情的肌肉

你的大脑会被自动激活去模仿别人的面部表情。在正常情况下，当有人对你微笑时，你也会报以微笑。如果你看到有人厌恶地噘起嘴，惊讶地扬起眉毛，沮丧地皱起眉头，或是做出其他表达某种基本情绪的表情，你也会做同样的事。这种自动的运动模仿经常通过肌肉记忆诱发与实际情绪相同的情绪。例如，当你皱眉时，会唤起悲伤或烦恼的情绪。这个反射十分强大，你甚至可能发现自己在复制在快照或视频中看到的面部表情。这个反应潜藏得非常深，以致你可能没有意识到，但它是我们共情能力中负责加工的重要成分之一。

在临床心理学家保罗·艾克曼开创性的研究中，他识别了与基本情绪相关的面部表情。艾克曼和其他人的最新研究表明，面部表情情绪解码有一部分基于生物学，还有一小部分则基于社会条件作用。有些情绪的解释具有共通性，而另一些则因文化背景的不同而有所不同。例如，在面部表情识别过程中，东方人和西方人倾向于看脸的不同部位，这可能导致他们从同一个特定的面部表情中得出不同的结论。东方人倾向于对面部特征有更全面的印象，而西方人则更注重具体特征。

每个人的脸传达想法和情绪的方式就像指纹一样独特。我们中的大多数人都相当善于观察别人的表情，以了解他人的想法和感受，如果你很了解一个人，或者这个人的背景和文化与你相似，那这种了解就更容易准确。因此，当你将某个特定面部表情的含义泛化时，你可能会误解陌生人的相同表情，尤其是若他们来自与你不同的国家。研究表明，神经回路的激活程度取决于我们对遇到的面孔是否熟悉。

同样，相似的面部表情并不总是代表着同样的意思。一个人如何拧眉，如何控制眼周肌肉群，或如何控制嘴的精细肌肉，都会有细微的差别，因而极大地改变了面孔所表达的意思。很多因素都会影响对面孔的解读。根据艾克曼的说法，我们对面部表情的关注或多或少，取决于社会地位和对权力平衡的感知。相比其他人，你更能捕捉到老板或教授面部肌肉的轻微变化。

拿微笑来说，这是一种与幸福、高兴和快乐联系在一起的表情，但一直是如此吗？在艾克曼的研究中，他通过识别面部肌肉的微细要素和潜意识所形成的微表情来区分杜氏微笑、真正幸福的微笑以及其他类型的微笑。杜氏微笑是以法国解剖学家纪尧姆·杜兴（Guillaume Duchenne）的名字命名的，他通过电流刺激不同的面部肌肉来研究情绪表达。杜氏微笑指同时收缩颧大肌和眼轮匝肌，前者抬高嘴角，后者抬高面颊，在眼睛周围形成鱼尾纹。颧大肌抬起嘴唇，会让人带着一个没有真实表情的强迫性的微笑，但眼轮匝肌保持静止。杜兴自己写道：眼轮匝肌的静止不动，“揭开了假朋友的面具”。

事实上，微笑可以用来掩饰其他情绪。正如有一天我观察到，我的患者苏珊脸上带着巨大的笑容走进房间：她终于和虐待她的男朋友分手了！她那幸福的笑容乍一看似乎是真实的，但眼睛并没有参与其中，她前额中一块相当明显的倒U形肌肉立刻引起了我的注意。

这一圈倒U形，在一些人脸上更像是前额上微小的皱眉肌肉群正常的变化。1872年，查尔斯·达尔文（Charles Darwin）首次将其描述为“悲伤肌肉”。当人真的感到悲伤时，它会不由自主地被激活。这是很难伪装的，因为只有当一个人真正经历悲伤或痛苦时，它才会颤动。这条肌肉就在那儿，和苏珊向上咧起的嘴一同存在。

我对她说：“你看起来真的很难过。”

正如其时。她一张口，眼泪便夺眶而出：“这是我做过的最艰难的事。我本来打算和约翰分手，但我真的会想念他的家人。当我刚来到美国时，他们是我所拥有的一切……”当她啜泣时，我禁不住地想，如果我只是回应她的微笑，她可能会一直压抑她的情绪。

那么面部表情与共情有什么具体的联系呢？丹麦的一项研究通过向志愿者们展示一系列愤怒与高兴的面孔照片，证明了共情与“面部反应”之间的联系。研究人员用一种被称为面部肌电图的技术来测量受试者的面部表情。研究人员发现，在回答问卷时，高共情反应的受试者在看到愤怒的表情时，眉毛和眼睛会更加活跃。而当他们看到高兴的表情时，脸颊会更加活跃。在共情量表上得分较低的受试者根本无法对愤怒和快乐的面孔照片做出不同反应。与低共情组相比，高共情组也认为愤怒的脸表达更多的愤怒，而开心的脸显示出更多的快乐。这似乎表明，共情能力较强的人对面部反应和面部表情更敏感，而且这种能力也为他们提供了更高的共情准确性。

你不必成为专家就可以掌握艾克曼和其他人描述的微表情。只需要留意，当你聚焦于一个人的脸时，你可能会发现，即使不知道为什么，你也能在一瞬间通过当场的感觉而与他感同身受。有时你会在不知不觉中捕捉到这些微表情，甚至没有意识到自己情绪状态的变化。对此，我会在讨论 E.M.P.A.T.H.Y. 中的“Y”时进一步介绍。

## P 代表姿势

一个人的姿势揭示了这个人很多内在的与面部表情无关的情绪状态。查尔斯·达尔文本人提出，情绪进化的目的是使我们倾向于以一定方式做出反应，这些姿势与情绪状态有关，旨在帮助我们识别这些情绪状态。下垂的肩膀可以传递出低落、悲伤，甚至沮丧的情绪。坐得高高挺直意味着幸福或自信。对于理解情绪行为的神经生物学机制及其意义，身体动作和与情绪状态有关的姿势同面部表情一样重要。在感知身体定位时，大脑中参与感知面部表情的相同区域也会活跃起来。

你可能已经注意到，在高档餐厅、航空公司和其他服务行业，服务生都是经过培训的，能够和你水平对视进行眼神交流。幼儿园老师也以同样的方式蹲着直视学生的眼睛，传达出尊重和倾听的情绪互动。相比之下，一名希望占据支配地位的 CEO 可能会站在会议桌的最前头，而其他人都坐着。有研究声称，做出力量性的姿势——双腿分开、脊柱挺直、双手叉腰，会让你的大脑充满与地位相关的化学物质，以帮助你营造出自信的氛围和更强大的存在感，尽管这些研究结果尚未被再现出来。

当你和另一个人交谈时，你会感觉到姿势和肢体语言有多重要。想象一下你在一个聚会上和一个刚认识的人聊天。如果你俩很合得来，你可能会下意识地将身体姿势与对方相匹配，并开始模仿对方的非语言暗示，比如摸头发和一些手势。如果你俩聊不来，你可能会稍微转过身来，绷紧你的背，坐立不安，直到你们中的一个人编造了一个借口——要在房间里品尝开胃菜，这样就可以很快地结束谈话。下次你第一次被介绍给别人时，一定要注意这些。你会学到很多关于你给人的第一印象的信息，反之亦然。

作为一名医生，我知道我姿势上的细微差异，会影响患者对我的看法以及我投射的共情水平。我总是试图通过肢体语言表达我的尊重与开放。当我和患者坐下来时，我把身体转向他们，保持前倾，并保持视线与他的眼睛同高，使用镜像和非语言暗示。所有这些都传达出我对个体的关注与尊重。如果我发现自己双臂交叉坐着，我会问自己：“是房间太冷了，还是我无意中传递出一个不开放的信号？”

十多年来，我一直在向全世界的卫生专业人士讲授这些技术，并且会在课堂结束后的几个月里听到反馈——真是太棒了。一位医生向我透露，现在当她和病人坐在一起时，她感觉到与病人的联系更加紧密，她比以前更喜欢与病人互动。这一简单的改变开启了一种不同的联系方式，她的病人公开地赞赏她。这种改变是特别有意义的，因为这位医生经历了工作上的倦怠和无意义感，因此她一直在考虑是否要离开这个职业。盯着电脑屏幕让她感觉自己更像一个打字员而不是医生，这种简单的调整帮助她把病人重新看待为人。

## A 代表感情

人脸是了解他人当下所经历情绪的重要指南。每个人的脸上都有一个关于情绪的故事，随着我们年龄的增长，其中一些情绪会在脸上刻下不再褪色的线条。“affect”（在第一个音节即短的“a”上发重音，如“cat”）是感情的科学术语。在成为一名精神病医生的训练中，我被教导要时刻注意病人的情绪，并在精神状态检查中记录下来，这是每一次精神病评估的重要组成部分。这有助于我捕捉到他人所表达出来的主要情绪，从而确保我不会忽视这些溢于言表的悲伤、恼怒、困惑或兴高采烈。这是一个非常重要的练习，能让我与我的病人，以及我所关心的每个人在情绪上保持一致。仅仅注意一个人的面部表情是不够的，你还必须解释你的所见，研究表明，你看到的面部表情信息会穿过前额叶皮层，进入灵长类动物位于中脑边缘系统的情绪中心。

当我和一群非精神科的医生同事交谈时，我发现他们大多数人并没有接受过识别情绪方面的训练。谁真的接受过这方面的训练呢？大多数人倾向于跳过这一部分，好像这并不重要。我敢说如果医生、教师、客户服务代理和其他正在帮助他人的人不知道如何与对方保持情绪上的一致，他们可能不会发现对方根本没有在听自己说话，因为他们没有基于人的层面与对方建立联系。

情绪是所有富有挑战性的谈话的核心。如果没有“识别感情”(情绪)，你就无法完全明白为什么富有挑战性的谈话如此棘手。是因为对方感到威胁、怀疑、无助、愤怒、厌恶、羞耻或内疚吗？这些感觉会让你产生什么样的情绪？虽然你在回应他人时，可能会尝试忽视或压抑自己的情绪，但情绪却是了解他人内心与想法的重要线索。

若你因为非常紧迫且可能导致严重后果的问题拨打客户服务热线，但仅仅得到一个“我需要你等一下”的刺耳回复，你可能会感到沮丧。当你听到“我知道这对您来说有多沮丧，很抱歉您遇到了这样的问题。我需要您等一下，我会尽快向您提供帮助”时，你的情绪会被安抚下来。但当你收到的是完全忽视你情绪的冷漠回答时，你可能会情绪失控。有时候，你会把情绪发泄到那些回来接电话的人身上，让他们更不愿意帮助你。这就是别人的反应如何在生理和情绪上影响我们的。

当讲到 E.M.P.A.T.H.Y. 最后一个字母时，我会进一步讨论这个概念——“Y”代表你的反应。但当务之急是要认识到，尽你所能地给情绪加以标识是很重要的，这是你试图获得别人基本信息的第一步，没有这些数据信息，你是无法全神贯注地同他人交谈或者与之协调的。如果你试图鼓励、激励、安抚或让某人对他的行为负责，你首先必须试着了解你是从哪种情绪出发的；不然的话，有效沟通的机会就很少。

## T 代表语调

语调传达了超过 38% 的非语言的情绪性内容。这是共情的一个关键点。语言学家把口语的节奏和音调称为“韵律”。韵律为口语注入了一层情绪，这种情绪超越了每个单词和单词序列单独的含义。

我们对音调和韵律的变化非常敏感。当你谈到某人时说“他真的很擅长……”，你说话的语调传达了不同的意思。你是表达钦佩、讽刺、轻蔑、惊讶、恐惧，还是厌恶？如果你的声音有点轻快，在词尾加上一个暗含的感叹号，那么你可能是在赞美。如果你的音调较低，每一个字都被吞掉了，那么你的意思可能是轻蔑或者厌恶。

语调往往比我们说的内容更重要，它可以决定是否存在共情交流。已故的娜里尼・艾姆贝（Nalini Ambady）的一项巧妙又有趣的研究发现，医生的共情语气对患者的体验有着巨大的影响。在这个研究中，外科医生与病人交流的录音带被过滤了，只能听到他们谈话的音量、语调和节奏。当研究人员为一组被试者播放这些录音片段时，他们发现听众可以仅从音调来判断哪些外科医生曾经有过医疗索赔事故，哪些则没有。若一个外科医生的声音是号令型且表现冷淡，可以猜测他以前有过医疗索赔事故。这表明，对情绪状态保持敏感以及与倾听者保持紧密联系的沟通方式，可以改善两个人之间的互动。

医学领域实证研究的结果对每个人都有借鉴意义。我发现，与朋友或同事交谈有困难时，调整自己说话的音量和节奏是有帮助的。舒缓的语调可以很好地帮助别人感受和倾听。相比之下，如果有人在分享一个喧闹又让人心烦的故事，你最好降低你回应的语调。尽管应和他的愤怒可能会表明你与他同样感到不公平，但提高你自己的音量来增加他已经经历的烦躁是没有帮助的。

## H 代表倾听整个人

很多人称之为积极倾听或反映倾听，我称之为“共情倾听”。共情倾听意味着关注他人，识别他人的情绪并以关怀、不评判的方式做出回应。共情倾听的基本原则是首先尝试理解他人的观点，然后尝试表达自己的观点。这听起来很容易，却极其难以做到。因为这意味着你要抛开自己的情绪，敞开心扉地倾听。

从神经科学的角度来说，共情倾听意味着在听别人说话的同时，要抑制自己的杏仁核驱动的应激传感器。当两个人都处于应激反应“红区”时，此时说再多也没有任何有益的效果。因为在这个相互威胁和恐吓的防御区域里，没有人在倾听。最有益的办法是，两个人都同意轮流发言和倾听，此时他们知道每个人都有机会被听到且不会被打断。临床心理学家称之为“倾诉 – 倾听”练习。这对那些感觉被伴侣误解的夫妇尤其有用。每一方都可以在不被打断的情况下进行长达 10 分钟的发言，而另一方只负责听。然后双方互换，第二个人说话，就好像刚才第一个人一样。在没有干扰的情况下，强烈的情绪往往会减弱，认真倾听对方的整体看法通常是很有启发性的。共情倾听能够使我们在情感和认知层面上与他人建立联系。

很多人觉得共情倾听很困难。他们听到的是“主诉”，却忽略了“主要关切”。因此，即使律师听了当事人没有被法庭公平对待的抱怨，他也可能没有听到当事人并未明说的担忧。比方说，如果当事人最终在接下来的两周内都上不了班，他可能会被雇主解雇，此时他应该如何面对他的雇主？通过询问当事人的顾虑，律师可以与当事人建立更加信任和彼此关照的关系，这可能会使律师在出庭时不那么紧张。同样，如果老师听到有学生抱怨分数太低，他可能没意识到学生真正的关切点。因为这个分数对学生是否有资格获得大学的奖学金具有决定性作用。留意并持续跟进对方为什么如此沮丧，你不仅需要理解对方所说的话，也需要进一步挖掘对方没有说的话，这样才能更有机会给出能缓解当事人的忧虑的应对措施。

当你用共情的耳朵倾听时，会唤起共情的许多其他关键点。你耳朵听到的不仅是字词，还有韵律和音调。通过你的眼睛，你可以看到对方的脸和肢体语言。你利用你的直觉和你的“心”来揭示话语背后的情感意图。同时，你也要通过你自己的肢体语言向对方传达信任、尊重和开放的态度。在使用我的 E.M.P.A.T.H.Y. 工具进行的两项研究中，我们的研究团队发现，当医生集中注意力，让他们“倾听整个人”（主要关切）而不是关注患者的抱怨时，他们的患者给医生的共情评分就会高很多。我们的研究表明，关注眼前的问题只会让你局限于当前。关注人们深切关心的潜在问题，会让彼此达成愉悦的相互共情和理解。

## Y 代表你的回应

当我在公共场合发表关于共情的演讲时，我谈到了“Y”，意思是“你的回应”。大多数人认为我说的是口头回应，但我所指的并非如此。由于我们大脑中的“共通回路”，随着深度共情倾听而产生的共情反应，首先是从生理层面开始的。当你面对他人或者群体时，你有什么感觉？注意这一点很重要，因为无论你是否意识到，你都能与他人产生共鸣。许多研究都支持这样一种观点，即共情是有生理基础的，它提供了一种人与人之间共同的内在体验。

我们大多数人会对别人的强烈情绪做出反应，能实际上从身体层面感受这些情绪，这种现象被精神病医生称为“投射性认同”。当患者把否认的感受投射到医生身上时，这一现象便会出现，它会透露给医生患者在咨询室里没有通过语言表达的感受。大多数人都没有被训练过把自己的反应当作预测别人感受的指标。通过共通的神经网络，你对他人的感受可能传递出非常重要的信息，这些信息与他人如何感受你的言行举止有关。想想最近一次你在家长会、职场讨论会，或者当地的徒步旅行俱乐部里听到的一个神情紧张、言谈激动的人的发言。这个人提出了他对学校、社区或环境潜在威胁的担忧。现在试着沉浸于他给你的感觉中。很可能他的焦虑在某种程度上感染了小组里的每个人。如果你认为他夸大了潜在的威胁，你可能会变得不安和恼火；如果你认同他，你可能会变得更加焦虑并有动力亲自去处理这些问题。不管怎样，你的内在反应折射出了这个焦虑的人失调的预警。高涨的情绪往往能在听众中找到归宿。

在马萨诸塞州总医院的一项研究中，一位名叫卡尔·马尔奇（Carl Marci）的研究员着手调查临床就诊期间医生和病人之间是否存在生理上的一致性，以及生理上的一致性是否与患者对医生共情水平的评价相关。生理一致性是指患者和医生的生理指标发生同步变化，如心率和皮肤电导（也称为皮肤电流反应，GSR），而生理不一致则表明他们各自的生理参数之间没有关系。在征得病人和医生同意的情况下，马尔奇记录下了20名医生和病人相互交流的视频。就诊前，每对患者和医生都要进行皮肤电导监测，以测量被试者的生理反应。在访问结束时，患者完成一份问卷调查，用于评估医生的共情水平。他发现，医生和病人的生理一致性越高，病人在标准化的信、效度兼有的共情量表上对医生的共情评价得分就越高。这很好地证明了当一个人感觉到别人的理解时，双方心电图和皮肤电导的轨迹就像镜子一样。这项研究也发现了相反的情况，即低生理一致性与病人对医生的低共情评价相关。没有情绪上的共情反应，两个人之间的生理反应也不会有同步现象。

我们在工作场所都见过这样的例子。例如，一个新来的能力不足者负责管理和培训基层工作团队，这位新上任的领导者对自己没有把握，也许还有点缺乏安全感，以及偏执，因此别人可能会发现他缺乏管理团队的情绪技能，所以他会利用恐惧与恐吓来展示自己的权威。当他听到团队认为他工作不好的议论时，他会把他们召集到一起来训话。

“你们现在是大家的谈资了。”他告诉他们，“他们说你们是这几年来最糟糕的团队！你们最好小心一点，注意自己的言行举止……”

那么团队的反应如何呢？团队成员感受到了领导者“你的反应”的情绪状态，所以他们也开始像他们的领导者一样感到恐惧和多疑。这可能有损团队精神，并对团队成员的参与度和生产力造成严重的不良后果。

这种失败的领导行为往往会像瘟疫一样在组织中蔓延，最终会导致员工离开团队或完全离开公司，或者这个所谓的领导者最终辞职或者被炒鱿鱼。不幸的是，当员工依赖于自己的工作时，他们可能会长期忍受这种情况，激起不必要的情绪动荡、士气低落、职业倦怠——所有这些都是员工辞职的原因。因而怎么强调一个不共情的领导者所带来的情感损失都不为过，来自生理方面的数据也支持这一点。(更多信息请参阅第 10 章。)

我们都有过这样的工作经历——这有助于理解为什么你突然感到如此不安。你的“反应”在这个实例中与你说了什么无关，需要关注的是你的感受如何，它可能是你周围其他人感受的风向标。当你考虑自己是否在对的地方工作时，这一点应该被考虑进去。理解这些可能会有助于你决定是坦率直言还是当即离开。

## 为什么 E.M.P.A.T.H.Y. 很重要

我和我的研究团队对共情沟通和相关因素在医疗护理中

的重要性非常感兴趣。因此我们试图回答一个我们经常被问到的问题："通过共情护理改善患者体验，是否也会带来更好的健康结果？"我们的直觉告诉我们是"肯定"的，但我们决定把研究焦点放到对医学文献的系统综述和荟萃分析上以检验我们的证据。

我们研究了 1990 年以来发表的所有随机对照实验，这些实验调查了相关因素与健康结果改善之间的联系。事实上，我们发现，医疗护理中与关系相关的因素导致了许多常见疾病的显著改善，其中一些是当今最重要的健康问题，包括肥胖、关节炎、哮喘、肺部感染和普通感冒，以及糖尿病和高血压这样棘手的具有普遍性的健康问题。通过研究相关因素，我们现在可以确定地说医生如何治疗患者和他们做了什么治疗一样重要。

虽然我的研究重点是医疗护理，但我总结了几乎可以应用于每一种职业、人际关系和人际交往的经验。当我们停下来思考一个伟大的教师、商业领袖、律师或教练的区别时，头脑中常常会闪现出智力的差别。我们在自己的生活中遇到的真正的"伟大者"，其实在人际关系上也表现卓越。教师可能是其所在学科领域的专家，但当她传达对学生情况的理解，甚至被学生的情况所打动时，就会形成一种开放、信任和尊重的纽带。我们将在第 7 章中看到，共情关怀和理解是学生成功的重要因素。

每一个接触你生活的人都以某种有意义并且积极的方式，

在与你的互动中传达或接受了这七个共情的关键要素。在没有他们的时间里，我们也感受到了空虚。如果我们遵循这些最基本的共情线索，我们会惊讶地发现他们在我们选择工作、爱好以及我们所爱的人方面有着重要作用。当我们彼此充满共情和关怀时，所有的参与方都均衡地得到了发展。毕竟，人类的情感纽带为生活的大书谱写了乐章。

第5章

# 扩大共情圈

在1968年4月5日，马丁·路德·金（Martin Luther King Jr.）在孟菲斯市被暗杀之后的第二天，艾奥瓦州赖斯维尔市的一位名叫简·艾略特（Jane Elliott）的三年级年轻教师问她的学生，是否想要了解种族主义是什么。学生们都点头。于是她着手进行了一个著名的实验：她将班级里的学生按照眼睛的颜色——蓝色还是棕色——进行了区分。第一天，蓝眼睛的孩子得到了更好的待遇，他们有更多的时间去吃午餐和休息，还拥有其他特权。蓝眼睛的孩子坐在教室前排，而棕眼睛的孩子坐在教室后排。

为了更简单地区分不同的组，棕眼睛的孩子被要求戴上建筑用纸制成的臂章，他们不能和蓝眼睛的孩子喝来自同样饮水机的水，也不能和蓝眼睛的孩子一起玩耍，还被告知蓝眼睛的孩子高人一等，而棕眼睛的孩子低人一等。刚开始时，所有的孩子都会有所反抗，但被艾略特老师一点点地说服了，即蓝眼睛的孩子更加出众。

“拥有蓝眼睛的人在这个房间里是更优秀的。”艾略特老师说，“他们更加干净，也更加聪明。”

很快，蓝眼睛的孩子适应了他们更“优越”的身份，他们费尽心思地展示这一点，用专横、残酷的手段对待拥有较深色眼睛的同伴。棕色眼睛的孩子则用逃避的方式面对，比如在休息时封闭自我，在测试时表现更逊色，尽管他们在之前相似的测试中表现得很好。

第二周，这个实验发生了逆转。棕眼睛的孩子将臂章戴在了蓝眼睛孩子身上。然而这次，艾略特老师要求现在“身份更优越”的孩子（棕眼睛的孩子）对待现在“身份较低”的孩子（蓝眼睛的孩子）不要那么苛刻。

这个实验让孩子们以强烈的情绪感受到，被以无法控制的先天身体特征来区分，并由此知道自己是高等还是低等的是什么感觉。孩子们感受到并表现出因种族主义而产生的积极和消极情感，他们第一次体验到了在受到偏爱的内群体和不受待见的外群体中的感觉。对于居住在艾奥瓦州的一个小镇的年轻人来说，这是十分有冲击力的一课。

在艾略特开始教孩子们“什么是歧视”的同时，她也教孩子们学习共情。现在孩子们懂得因某些特质让他们成为身份较低的外群体时感觉如何——感觉并不好。

艾略特的种族实验在美国广播公司的一部名为《风暴之眼》的纪录片中成为全国关注的热点。她在电影里重复了这次实验，之后甚至出现在《今夜秀》中。她继续开拓多元化培训的新领域，自那时起，她一直在全球范围内对最初的实验进行讲解和指导，并广受赞誉。直到今天，她仍在做着其有意义的工作，帮助人们从本质上理解歧视的基本体验。

## 内群体与外群体

尽管我们大多数人都没有机会参加上述的眼睛颜色实验，但很有可能多多少少直接经历过由于我们从属于或被分配到的群体而造成的歧视。虽然我们都倾向于认为自己了解成为外群体的失败者的感觉，但与那些真正被压迫的少数群体或受到责难的社会阶层相比，我们大多数人肯定不会真正了解这种感觉。我们沉浸在生活中，主要从我们所属的那个群体的视角来看待世界。

正如我们说的那样，你不太可能对那些不属于你理所当然选择的内群体的人产生共情。当你们拥有相同的肤色、相同的文化、相同的国籍，当你们信仰相同的宗教，来自相同的群体、团队或任何你可以确认的组织时，你会有熟悉的联结感。你之所以会寻找这些纽带般的关系，是因为它已经经过数个世纪的演变，牢固地镶嵌到了你的大脑中，这样才给人以安全感和舒适感。

例如，当人们被要求评价某人谈论约会经历时的想法时，他们倾向于给予同一种族的人很高的评价。华裔美国人与其他华裔美国人有着更紧密的心理上的联系，墨西哥裔、非洲裔和欧洲裔美国人也一样。正如该研究表明的那样，那些有着相似的经历、教育和价值观的人，在认知和情感上的相互共情会更加自然。因为这些人更容易"读懂对方的思想"，然后与他们自己的思想和感觉相关联。基于原来的认知和偏好，我们不会自动将仇恨归于那些不属于我们的宗派或民族的成员。原来的认知和偏好的确会使我们不太可能对不能快速辨别的人们的困境产生共情，无论是真实的还是被感知的；如果缺少与该团体或个人相关的亲身经历，我们也不太可能会产生共情。

缺乏经验以及要与那些不像你的人建立密切联系，可能是你无法对遥远国家的战争和动乱场面产生情感联系的部分原因。如果你在新闻网站上点击发生在中东的此类场景，而你从未见过来自该地区的人，那么你可能不会有所触动。但是，如果你恰好与某个叙利亚、巴勒斯坦或以色列人关系亲近，那么这些场景很可能会触动你的心弦。

这种分裂是永无止境的。一些基础的东西，如你驾驶汽车的车型，都可以在人与人之间造成明显的隔阂。研究显示相比于经济节约型的车，昂贵车辆的驾驶员在十字路口截断其他驾驶员去路的频率更高。高档汽车的驾驶员不为人行横道的行人让行的频率也比低成本汽车的驾驶员更高。为什么较富有的人在道路上行驶如此无所顾忌？研究者推测，这些情况可归结为富人的财富、权力和一种内在的自我认知，即与其他人相比，他们自觉更应该占据马路上的空间。有钱、有地位的人也不会像几乎没有资源的人那样担惊受怕。即使被抓到，前者似乎也觉得会被处罚的风险较小。在某种程度上，他们认为自己有权将其他人置于危险之中，因为他们属于高档汽车驾驶员的群体。

对外群体缺乏共情，长远来看，可能会产生生死攸关的影响。你可能从来都没有想过，一个人的种族和种族背景可以影响到接受器官捐赠的机会，但事实是这个影响是巨大的。我们的研究团队对器官捐赠过程中的共情交流进行的调查发现，尽管非洲裔美国人的末期肾功能衰竭发生率比大多数其他人群要高得多，但他们是接受器官捐赠可能性最小的人群。导致这种情况的部分原因是越来越少的非洲裔美国人被告知捐赠器官的必要性，以及找到与个体匹配的器官的重要性。研究也表明如果申请者与移植协调员的种族或种族背景不同，那么他们获得捐赠器官的申请就不太可能得到批准。这再次表明了相似性在与陌生人建立联系与信任方面起着重要的作用。

这个事情的另一方面是，当人感觉到与另一个人的关联时，会产生不同凡响的、英雄般的举动。我的朋友沈维琪（Vicky Shen）因一串的事件和与他人意想不到的联系激发她产生了共情，从而做出了慷慨的举动。

维琪因为警察设置的路障不得不退出 2013 年波士顿马拉松比赛，那时她知道发生了不好的事，但还不知道有多严重。过了一会儿，她站在家里的厨房观看新闻，看到恐怖分子如何在比赛终点线附近埋藏 2 枚炸弹，并炸死 3 人，造成超过 269 人受伤。她认出了其中一位受害者。

"我看到了这样的画面——一个 8 岁的小男孩，我叫了出来，'等一下，是马丁'。"她回忆道，"我拿出了手机，因为我是儿童越野队的志愿教练，我有一张 2012 年秋天拍摄的照片，当时他就在那里。"

维琪与 8 岁的马丁·理查德（Martin Richard）有着千丝万缕的联系，这个小男孩悲剧般地成了在波士顿马拉松爆炸案中最年轻的受害者。这让维琪开启了自己的旅程，以带领我们领教共情影响世界的力量是多么巨大。尽管她不太了解这个小男孩，但她不断想着自己和马丁的关联，想着能为这场造成严重人员伤亡的恐怖爆炸袭击做些什么，也包括为马丁的姐姐做些什么，他姐姐在这次袭击中失去了一条腿。到了第二年 1 月，马丁的父母成立了马丁·理查德基金会（Martin Richard Foundation）。维琪决定为这个机构筹集资金。它的宗旨是"不要有更多的伤员了，我们要呼吁和平"，是从马丁的一张照片中受到启发，照片里马丁正拿着他为学校项目制作的宣传牌。带有这些文字的宣传牌展示了马丁可人善良的性格，但似乎也预示了是什么带走了他年轻的生命。

作为一个热衷马拉松的运动员，维琪意识到她可以通过马拉松来推进这个事业。她代表基金会参加了 2014 年的波士顿马拉松，并继续坚持跑马拉松。她为基金会筹集超过 68000 美元的资金，借此来帮助精神和身体残疾的孩子筹办体育项目。她认为她一生中得到的最大赞赏之一，是马丁的父母让她加入基金会的董事会。这个基金会已经筹集了超过 700 万美元，来帮助宣扬包容，也包括创立向所有的孩子开放的体育项目。

这个故事展示了一个悲剧触及个人心灵时共情所具有的力量。维琪把马丁、他的家人、他们的慈善事业看作珍贵的内群体。尽管有些人认为个人的共情会引导我们远离大局，但维琪的例子正好相反。她与马丁的个人关系帮助她专注于马拉松事业，并投资于马丁·理查德基金会，因为悲剧事件触动了她的心。这就赋予了她的马拉松事业新的意义、目的和地位——她能启发成千上万个面对相似的暴力行为而感到无助的人。马丁·理查德基金会已经筹集了一定的资金，在波士顿儿童博物馆的旁边，建了一个全包容性的运动场给孩子们玩耍，无论他们残疾与否。

## 波纹效应

如果你将鹅卵石扔进池塘，水中会泛起阵阵涟漪，一个个圆环离中心距离将越来越远。做一个简单的类比，这可以展示共情的范围是如何从内群体中心向外扩大的。个人离群体距离越远，对群体和群体中的人的共情就越少。这解释了为什么你本能上对世界各地遭受干旱的部落产生共情，不会比你对水井干涸的家乡父老更直接。距离和划分不一定是地理上的，那些外圈的涟漪可能与你如何看待世界以及你认为其他人应该如何生活有很大关联。

在不同的情况下，你对同样的人或群体的共情水平会发生改变。我发现人们基于感知到的品行做决定时尤其如此。例如，如果你有两个邻居看起来像你，并和你有相似的生活轨迹，那么你可能把他们视为自己的内群体。然而，如果你得知某邻居已被逮捕并在警方那儿留下记录，你可能会由于对他缺乏信任而立刻把他划定到外群体。在另一个时空里，如果你也留下了相同的记录，你可能很快对那位邻居产生共情，因为你知道在出狱后的一段时间里重新开始生活是多么艰难，这甚至可能拉近你和他的关系。在接下来的章节中，我们将更全面地讨论道德共情，在这里它有助于在内群体和外群体的背景下解释共情的局限性。道德上使自己与内群体的其他人疏远，会导致人们缺乏尊重和包容。道德判断削弱了共情。在理想的世界中，一个组织的共情产生的波纹会与其他组织重叠，形成共情关联与互相尊重的网，这将对长期存在仇恨、歧视和偏见的组织编织的破坏性的网发起强大的挑战。

对别人的共情水平，也会被我们自己的情绪状态所影响，这叫作“投射共情”，它讲的是你根据自己的感觉或者他们的故事如何与自身产生联系，把自己的感情投射到别人那里。在最近的澳大利亚和瑞士研究者共同参与的研究中，研究员检测了当参与者受到特定视觉和触觉刺激时，被刺激的大脑区域的活动。一组参与者观看处理黏稠物质的令人恶心的图片，而另一组参与者观看的是盖着柔软羊毛毯的小狗的正面图片。研究人员发现，那些观看负面图片的人将自己的负面情绪投射到其他人身上，并相信观看正面图片的那组人实际上没有那么开心。同时，受到正面图片影响的人则认为另一组人比实际上要快乐得多。通过大脑功能磁共振成像技术，研究人员可以看到特定大脑区域（前额叶皮质）中的神经扰乱，这些区域通常可以纠正所谓的“自我中心偏见”。无论是受到正面还是负面的刺激，这些区域都被扰乱了。

最重要的是，即使对于那些在我们所讨论的区域拥有足够大脑灰质的人来说，共情能力也是具有可塑性的，会根据心理状态上升或下降。你会不断遇到各种或减少或增加共情的机会，而且我们的神经解剖结构具有独特的构造，让我们做出共情决策。了解这一点至少可以使你能离抵御神经扰乱更近一步。

## 无中生有的区隔

正如艾略特眼睛实验证明的那样，人们很容易不加思考地把人置于外群体并给他们指定负面属性，尤其当你是权威人士时。当她被问及是如何设计实验的时，艾略特回答说：“我没有设计实验，是从阿道夫·希特勒那里学到的。我选了一个人们无法控制的物理特征，然后赋予这个物理特征消极的特性。”

我们知道这种“外群体”是如何运作的。尽管我们会自然而然地试图从历史中学习，但作为人类的我们却不断地创造出外群体，有时甚至是在我们熟悉的内群体中创造。当我们这样做时，不会在彼此之间产生共情，反而摧毁了它。只有当我们认为所有人值得尊重和共情，并且克服我们将他人置于外群体的自然倾向时，所有文明才能实现和平共处。我确实看到了在紧急情况和自然灾害发生时这种跨越边界的令人鼓舞的迹象。

当美国人在屏幕上看到日本遭遇海啸灾难时，他们会对该地区人民的悲惨遭遇感同身受。在海地地震后，我们的屏幕上满是破坏、伤痛和死亡的图像，因而我们产生了相同的共情行为。流行歌星用表演来筹集资金，政府和个体公民捐赠了数百万美元。在遭受卡特里娜飓风和哈维飓风的破坏时，美国沿海地区也得到了同样的大规模支持。

社交媒体通常是使人们疏远的东西，因为它们会消除实际互动中的共情要素。以一个小男孩的悲惨事件为例，这个小男孩在迪士尼度假胜地的海滩上被鳄鱼拖走。针对小男孩父母的道德判断涌向 Twitter、Facebook 和 Snapchat，发布者根据自己选择性了解的事实谴责父母的不当。他们没有想过以如此可怕的方式失去孩子的感觉和父母必须经历的事情，而是迅速断定父母是不负责任的，尽管有报道称父亲正坐在儿子旁边并疯狂地努力撬开鳄鱼的嘴来救他的儿子。对不友好的言论和不明智的结论熟视无睹，而在评论中扮演法官与陪审团的角色是很容易的一件事。

然而，我希望经常使我们彼此隔绝的电视、手机和平板电脑的屏幕，有时也可以成为变革的动力。当你打开新闻，在客厅里观看城市里的贫民窟或叙利亚、索马里、卢旺达等远方的人们在受苦和遭难时，你感受到的他们的痛苦可能会变得更加真实，至少有一些人会感受到人类之间的强烈情感。这样共情的要素实际上起作用了。由于这些人不再是无名之辈，也许从更近、更个人的角度看待悲剧会激发一些充满力量的感觉。（我将在第 8 章中讨论数字化世界中共情的机遇和局限。）

充分了解自己的共情能力非常重要的原因之一是，它可以帮助你认识共有的人性，从而使自己不会陷入特定的子群体（某个种族、人种或社会阶层）。当我们将自己划分到小群体时，我们忘记了所有人都很重要并且都相互关联。基于普遍关爱的道德最终必须跨越有族群和内群体偏好的陈旧的大脑进化运行机制。这解释了为什么共情不是直接连接道德，有时还可能成为不道德行为的根源。

今天我们没有像祖先一样生活在被连绵数千米的森林、沙漠或海洋分开的小部落里，而是生活在一个全球化的世界里。道德进步可能会帮助我们进一步思考“在我们的部落”我们应充当什么角色。把部落从家庭，扩展到群体、国家，再到国际社区，最后到全人类，这就是我们今天要面对的全球化挑战。尽管我们今天可以轻松地和全世界的人互动，但我们越来越缺乏机会用“共情”的工具进行互动。

一些作家把关注点放到人类共情的缺陷上，并通过强调人们倾向于以他们最深切的共情关注来支持内群体的趋势而忽视更广泛的全球苦难，进而攻击这种人类特质。在我看来，这种观点似乎过于目光短浅。遗传学和表观遗传学需要很长时间才能广泛地改变人类的大脑属性。通过认知和情感因素的相互作用，人们越来越意识到部落式的解决方案在当今相互关联的世界中不再有效。改变大脑需要时间，而因为部落式的解决方案会导致更多的战争、损坏和破坏，世界上的领导者需要认识到，一心一意地关注国家利益而排除其在全球的影响，不再是一个可行的选择。与其把共情视为误导人的能力，更有效的做法是教授人们如何扩展关于谁属于“人类部落”的观念。谁能够决定谁属于内群体，谁属于外群体？

特朗普政府决定禁止穆斯林进入美国，退出《巴黎协定》以及谴责美国的邻国为“谋杀者和强奸犯”，这就激化了对外群体存有共情的美国民众道德上的愤怒。现在的政府把自由投票者的道德愤怒归因于他们是输不起的人，因为他们的候选人没有赢得竞选。这种目光短浅的解释没能理解愤怒是因为认识到对人类同伴的危险忽视和未来道德崩塌的预见。白宫所纵容的外群体偏见必将影响多年来扩大共情圈以将全球人类包括在内的进展。

我们需要的领导者要了解人类是相互关联的。如果各国找不到像整体一样合作的方式，我们将变得越来越野蛮。最令人烦恼的悖论在于，特朗普竞选活动动员了被剥夺权利并被遗忘的人，他们因新技术的使用而大规模地失去了工作，如果再次有了工作便会让他们对美国梦重拾信心。相关重要的社会部门需要认识和深刻理解他们的文化和工作，这些文化和工作定义了几代人的生活，以及找到在急速变化的世界中帮助他们满足需求的方法。社会部门的人并没有意识到这些工人和民众需要资源和方法来为将来的新兴工作做准备，而是将其与其他被剥夺权利的群体进行比较，后者因自身的困境而受到指责。本可以打破壁垒并使许多人能够实现美国梦的激进的呼吁，却悲惨地演变成内群体与外群体心态的对抗，粉碎了许多来到美国寻求新希望和可能性的人的梦想，而事实上每一个非印第安美国人的祖先都曾怀揣这样的梦想而来。

共情通常被认为是重要的人际交往能力。如果说我们已经很清楚地说明了一件事情，那就是共情传达了至关重要的跨代、跨种族和国际视野，因而必须对其进行大规模的重视、保护和培养。如果不扩大共情以超越我们的群体和边界，我们所知的文明将无法生存。共情训练是关键的变革性教育。

The Empathy Effect

第二部分

# 共情重塑生活

第6章

# 育儿中的共情

婴儿出生后，他人生的首次共情体验通常发生在他第一次被照料者抱在怀里的那一刻。当他们充满爱意地凝视着对方的眼睛时，大量“拥抱”激素——催产素在照顾者和婴儿的大脑里奔涌，引发了亲子联结的神经内分泌反应，并使最初的共情联结开始萌芽。一个充满关注的凝视能反映出其他人的存在而让婴儿意识到他的存在。研究显示，当父亲或母亲抱着婴儿的时候，他们眼睛之间的距离仅有约 12 厘米。这正是新生儿视觉焦点的距离，是不是很神奇？

从根本上来说，成为父母是在共情方面极好的训练。如果一切进展顺利，父母和孩子的激素水平、大脑内的神经递质活动等生理方面都会建立起令人难以置信的联结，使共情成为可能。这就是为什么在孩子出生的过程中，不论是母亲还是父亲，催产素水平都会攀升。通过传递感受和情绪以及共同视角的神经回路，共情让父母双方都敏锐地与婴儿同调。

## 共情能力是怎样发展的

让我们从生平第一次呼吸开始认识共情。新生儿似乎也会共情。研究显示，当新生儿听到其他孩子哭泣的时候，常常也会跟着啼哭。当然，我们没有办法问他们为什么哭，也许他们只是被周围的哭声打搅到了。而且，我们不认为新生儿具有心理理论的能力——识别他人具有自己的想法、信念、意图和需求的能力，他们至少要在 2 周岁时才会具备这项能力。然而我们猜想，新生儿会被其他婴儿的哭声所影响，部分原因可能是其疼痛中枢被其他婴儿的哭声激活了，因为它们在疼痛反应机制中有共通的神经回路。这种自我与他人之间的重合便是共情的本质。

当大脑发育成熟后，共情能力也就成熟了。20 世纪中后期非常有影响力的瑞典儿童发展心理学家让·皮亚杰（Jean Piaget）认为儿童在 8 岁之前还没有开始发展换位思考能力（perspective taking），因此并不能表达真正的共情。最近的研究表明，孩子的共情能力发展要更早一些。目前的观点认为，在差不多 1 周岁时，儿童就知道其他人跟他有相同的体验感受，既使他们还没有发展出恰当回应的能力。这个年龄的孩子可能看见别人受到了伤害并感到沮丧，但不一定知道如何提供帮助。在模拟的实验情境中，当幼儿看到妈妈假装手受伤的照片时，他会呵护起自己的手。如此年幼的孩子似乎能够正确识别肢体语言、情绪和音调等共情的关键点，并且能够区分它们的意义，但尚不能够表现出富有同情心的帮助行为。

到了 2 岁或者 2 岁半，幼儿开始认识到另一个人的痛苦与自己的痛苦相似，但又彼此分离。共情模式于此期间开始出现，初露儿童在共情连续体中处于什么位置的端倪。你会在尚未发展出整理自身情绪的能力的儿童身上，看到从高度共情到十分有攻击性的一系列行为。有些孩子（尽管不是全部）具备聆听和回应的能力，从而能够为他人提供慰藉。在我女儿大约 2 岁的时候，我的脚动了手术，她注意到供我搁脚休息了数周的木椅上没有枕头后，晃晃荡荡地抱了个枕头来。即使在这样小的年龄，她也知道有些不对劲，并试图提供帮助。

一个学前班的小女孩可能会把她最喜欢的玩具分享给一个心情沮丧的同学，因为她知道当她难过的时候，一个玩具能够让她高兴起来，所以她认为这样做也能让一个伤心的小伙伴感觉好一些。共情能力的出现具有一个年龄范围，我们不应该期望所有的孩子在这个年纪都能展现出这种能力。面对如此情境，还处于学习整理情绪阶段的孩子可能会觉得很困惑，甚至会对处于负面情绪之下的同伴表现出排斥而非提供帮助的行为。

如果处于这个年龄段的孩子并不总能展现出共情行为，

这或许是正常的。对心情沮丧的小伙伴，有的孩子可能会和他一样开始哭泣，这也许是因为他们正经历相同的分离（或在过去经历过），因此他们将这两种体验联系在一起，而不是做出回应。剩下的孩子可能都不会有任何反应，不是因为他们缺乏共情，而是因为他们还没有学会表达他们的感受。就像学习走路和说话一样，每个孩子都按照自己的个体速度发展共情能力。

8 岁左右，孩子进入了共情的主要认知发展阶段。这个时期也是换位思考等认知能力的发展阶段，因此儿童开始能够更加完整地理解他人的生活情境。举个例子，如果某个朋友的妈妈患了癌症，一个孩子也许可以从这位朋友的角度去理解当下的情境。所以即使他目击了他的朋友在一个聚会上大笑大闹，玩得很开心，他也能够理解朋友的生活总体上还是悲伤和不开心的，因为朋友的妈妈生病了。

10 ～ 12 岁时，伴随人们终身的共情模式会更加稳定，此时你将会见到儿童变得富有同情心。在共情的发展过程中，父母等照顾者是儿童早期的行为榜样，完成了儿童共情能力的基础构建。当儿童成长到 12 岁之后，他们的行为榜样转向青年人、同伴、老师、书籍、电视、网络和其他影响源，这些影响源将会让他们知道在什么时候、为什么以及如何感受并展现共情。一旦进入青春期，只要神经发育正常，大部分孩子都能够理解、应用并对共情七要素做出反应。

纵观每个阶段的发展，家长塑造了儿童给予和接纳共情的能力。这里又要提到即时共情（proximal empathy）和长时共情（distal empathy）两种方式，这两种共情方式在最初的教养过程中是极为重要的。即时共情指的是即时的反应，与此相对，长时共情是延时的反应。在一些情境中，即时共情是必须的，例如在孩子摔跤受伤的时候。在另一些情境中，即时共情可能是一种误导性的共情方式，因为从长远来看，即时共情对孩子并不是最有益的。

接下来我们来看一个情境，如果你的儿子没有完成他的家庭作业，求你帮忙请个假，这样就能留在家里完成作业。即时共情让你感受到儿子由于没有完成作业，现在即将面临苦果的焦虑。这也许会诱导你说："行，我们就请个病假吧。"长时共情则会让你退一步思考并问自己——长久来看，到底怎么做对孩子才是好的？将他从即时的困境中解救出来是最好的，还是让他咽下由于自己的不作为而导致的苦果会更好？当我们在适当的时刻使用长时共情时，虽然我们需要忍受来自儿童暂时的不快情绪，但是这有利于他们获取必要的生活教训。

对于一些父母来说这是很困难的挑战，但有时我们需要关注未来。当你拒绝一个 13 岁孩子去参加一个大家会喝酒的聚会的请求时，你或许就拯救了由于做出危险决定而受到伤害的 21 岁的她。在这里，我们要强调的就是作为一个好的父亲或母亲，很容易会被卷入到当下的压力之中，从而忽视了为什么对孩子说"不"是更好的。

儿童从父母身上获取的关于共情的经验会持续地影响他们的一生。幸运的是，即使儿童已经获取了一些不太好的经验，这也不会决定他们的命运。当前有研究显示，关于我们如何在认知和情感上感知及表达共情，基因的影响占到10% ~ 35%。获取共情经验的方式还与个体的年龄、性别、环境、经历有关。共情价值，即你认为共情有多重要，其实是可以发生转变的。因为我们想要树立一个好的榜样，所以拥有自己的孩子对于我们大多数人而言是对共情的关注度的一个转折点。

话虽如此，孩子越早习得如何给予和获得共情越好。这并不意味着你不能纠正共情发展得不太好的孩子的发展轨迹，引导孩子更多地了解别人的感受永远都不会太晚。一个拥有健康的共情倾向和较强的换位思考能力的孩子更有可能和同伴友好相处，在团队中表现得更好，出现行为问题更少，并且由于发展出了较好的人际技能，在未来会更加成功。良好的人际交往技能帮他在一生中建立了令人愉快的人际关系。相反，共情能力较弱的孩子则趋向于经常表现出侵略性，表达诸如生气、失望等负面情绪，并总是在与他人相处的问题上挣扎。如果孩子能够更早、更经常性地体验到共情，你就为孩子蜕变成一个能够理解他人内心感受的人打下了最好的基础。当然，一些能够强烈并敏锐捕捉到他人情绪的孩子是不需要进行共情训练的。那些会被他人负面情绪压垮的孩子可以从自我控制技能训练以及减少暴露等方式中获益。过度共情是存在的。

## 父母对孩子的镜像回应

家长教会孩子共情的方式之一是镜像回应（mirroring）：将孩子的面部表情、说话方式和态度自动反向传递给孩子。在孩子还很小的时候，对于他天真的笑，你也用自发的、开心的笑予以回应。大部分家长都能从儿童第一次尝试与外部世界自由的互动中获得快乐，所以他们将孩子的眼神交流、肢体语言以及声音音调镜像回应给孩子。你回应的不只是孩子的笑，更是他对于新事物的探索，以及描绘、建造、学习新事物的努力。你高兴的、愉悦的反应告诉他——他在你眼里是特别的。

奥地利–美国的心理分析师海因茨·科胡特（Heinz Kohut）第一个意识到父母镜像回应对于养育一个健康的孩子有多重要。作为心理学理论的一个分支——自体心理学（self psychology）之父，海因茨·科胡特认为从出生开始，如果孩子能在父母的眼中看到自己，那么他们将会在一生中有更加牢固的自我意识。十分有趣且具有预见性的是，他在很久以前把这个发现称为“镜像回应转移”（mirroring transference），而几十年后，神经学家果真在大脑中发现了镜像回应机制[㊀]。简而言之，孩子可以在他们的养育者眼中看到自己的诸多优

㊀ 镜像回应机制是一种基本的大脑机制，它将他人行为的感官表征转化为自己的运动或内脏运动表征。根据它在大脑中的位置，它可以实现一系列认知功能，包括动作和情绪理解。——译者注

点、唯一性和特殊性。在我自己的实践中，我经常能看到一次次镜像的失败带来的痛苦后果，这些镜像的失败会导致孩子在自我感知和自信心方面的欠缺。那些很少体验到从父母眼中反映出自己成功的孩子，通常在成长过程中会有不安全感和羞耻感。当他们感到自豪，却被别人忽视或漠不关心时，他们就很容易质疑自己的感觉，变得灰心并且失去尝试新鲜事物的动力。

为了理解镜像回应的力量，下面让我们看看没有镜像回应会发生什么。一个一年级的小朋友冲进门大声喊“爸爸，快看我今天画了什么”，而他的爸爸全神贯注在手机或电脑上，几乎头也不回，甚至都没有看一眼孩子手里的纸或画，说一句“哇，你画的我们家的狗真是太棒了”，或至少让孩子知道对于他的画作，爸爸有多开心。没有眼神交流，语气是平缓的，爸爸甚至都没有倾听孩子的兴奋。当孩子的热情和努力没有得到镜像回应时，他也许会体验到泄气和羞耻感，他认为自己完成了这么棒的一项任务，但是父母好像并不认为这件事情值得给予回应。

在生命的早期，长期缺乏慈爱的镜像回应的孩子也许很难形成安全型依恋（secure attachment）。正如你所知道的，眼神交流是构建人际交往生活的七个关键因素之一，眼神交流对共情的影响从我们来到这个世界上的那一刻就开始了。镜像回应不只是眼神交流。孩子都渴望得到父母对其面部表情、态度、情感和音调的镜像回应，他需要被听到并得到恰当的回应。如果在成长过程中缺少温暖、令人安心的回应，孩子会觉得不值得，没有安全感，而且可能在建立亲密和信任关系方面出现问题。

“父母闪烁着光芒的眼睛”不仅是父母表达爱的一种重要方式，而且也能够在孩子心中播撒下共情的种子。科胡特将这种“闪烁”称为心理的氧气（psychological oxygen），孩子通过搜寻这种反馈以证明自己是有价值的。如果孩子不能经常性地得到这种肯定，他们就会像没有被填充的毛绒玩具。由于他们没有将他人的认可内化，他们会不断搜寻他人的肯定，以确认自己是很棒的，是可以被外界所接纳的。若一个孩子没有得到镜像回应，他也许会放弃自己的目标，又或者即使他达成了较高的成就，他的成就也很难给他带来快乐。

幸运的是，大部分家长不必思考如何给儿童镜像回应，就如同我们不必思考我们如何呼吸，反应通常是自然而然出现的。与儿童同调的父母更有可能对儿童的存在和成长感到高兴和自豪，但是有些外部压力可能无法让父母很好地关注他们的孩子，比如工作压力或经济问题会分散他们的注意力，使他们不能把每个孩子视为独一无二的，需要被听到、看到和认可的个体。有身患疾病或残疾的儿童的家庭存在更大的风险，健康的子女可能没能从父母那里得到足够的镜像回应，没能打下共情能力和自我肯定的基础，那么他们有很大的可能缺乏自信和进行自我安慰的能力。所以对于健康儿童的更多关注是不能忽视的。即使他们现在看起来并不苦恼，但他们可能离苦恼不远了。

即便如此，“过度镜像回应”（over-mirroring）也可能会导致不良行为和缺乏共情能力。当儿童在某些常态化的平凡成就上获得过多的表扬时（例如“你的喷嚏打得真好”，我真的听到过一个家长这么对孩子说），他会开始期望无论成就多么微不足道都得到肯定。对于儿童平淡无奇的表现，我们没有必要也给予鼓励。我们不是想让孩子为了获得认可而像角斗士一样去战斗，我们寻求的是一种中庸之道。

镜像回应还必须与年龄相适应。随着儿童的成长，他们仍然需要得到认可和关注，但是父母怎样认可和关注，以及给予多少认可和关注是需要不断改变和变化的。如果儿童在小时候得到了足够的认可，那么自信心就会被内化。科胡特将它称为“蜕变性内化”（transmuting internalization）。随着逐渐长大，他们就能仰仗这种自信并且明白外界不会对每一次成就都给予无条件的赞扬。对于成年人来说，不断追求为很小的成就而得到称赞会令人精疲力竭，最终会让成年人感到不满足，因为再多的称赞都是不够的。

我越来越担心在电子时代，镜像回应被淡化。眼里的光芒被屏幕的光芒所代替。父母和孩子花太多的时间盯着手机、平板电脑或是电视屏幕，而不是看着彼此，有意义的眼神交流越来越少。当父母和孩子看着彼此，感受到彼此的爱和欣赏时，催产素就会释放。随着体验到催产素释放的机会越来越少，人们对得到外界认可的需求会变得越来越强烈。

缺乏面对面交流的时间的影响也开始延伸到友谊中，我们看到恃强凌弱、网络欺凌和恶意攻击现象增加带来的影响（见第8章）。屏幕可能成为共情的障碍，因为它们夺走了关注他人反应和感受的机会。为了实现共情，你必须首先进行眼神交流，并注意到共情的关键——姿势、面部表情和音调。当你没有接收到以上这些信息时，你很难进一步倾听并做出恰当的回应。

## 共情的榜样

另一种儿童习得共情的途径是通过向榜样学习。儿童会把特定的对象理想化。一开始，理想化的对象通常是爸爸和妈妈。如果你被孩子理想化为一个积极回应、关心他人、称职的父母，你的孩子在今后的生活中就更有可能寻找与你有同样品质、同样尊重他们的人作为朋友和伴侣。他们也会对他人展现出这些行为。

在儿童发展的各个阶段，榜样都很重要，因为儿童总是在生活中寻找规范性的模式。如果在家里的规范是有人关注他，并且关心他的感受，那么这种持续性的共情交流就会成为他心中的准则。倾听和回应这些共情的要素会被强化，他会发现他所做的和所说的是有价值的。若缺乏这种规范，他会怀疑自己，并产生不安全感。

儿童也会有一种天性，即使父母对他们不好，也会积极看待父母。为什么呢？因为儿童知道自己太小，没有能力。可能你已经忘了，当你只有 60 厘米高，周围的视野里都是腿的时候，走来走去有时是让人害怕的事。儿童有和父母建立联系的内在需求，也有一种向父母表达感情的自然倾向，这是因为这样会让他们感觉到安全和受到保护。所以无论父母对他们是好是坏，儿童从小就效仿他们的父母。

父母通常不是孩子唯一的榜样，他们也可能会崇拜老师、保姆、阿姨、叔叔、堂兄，或者是宇航员、兽医、艺术家或厨师。我认识一个住在消防站对面的街道上名叫哈德森的小男孩。在他五岁的时候，他非常崇拜在那里工作的消防员，恳求父母每天都带他去看他们。他的父母很乐意接受他的请求，他崇拜的对象也非常好心，让他坐在消防车里，戴上他们的帽子。同时，他的朋友大卫很崇拜警察，去哪里都要穿着警察的制服，而他的另一个崇拜医生的朋友瓦妮莎则带着一个塑料听诊器去学校。孩子有这样好的榜样是一件很棒的事情。心里住着一个英雄或是值得尊敬的对象让孩子感觉自己是特别的，鼓励他为自己认为是重要的事情而奋斗。这有助于形成积极奋斗和自尊的力量。

一些坏榜样的存在也很重要，坏榜样告诉儿童什么不该做。这是基于以下假设：儿童对好的榜样已经有了非常清晰的认识，所以他们能够很清楚地区分对与错。当然，如果坏榜样的影响超过了好榜样，这将会成为一个问题。如果儿童在成长过程中没有被别人尊重对待或是没有被很好地照料，他们可能会认为自己的思想和情感是没有价值的。

同样，如果儿童将成人的消极共情行为内化也是很危险的。我认识一个高中历史老师，他通过繁重的课业和突击的测试压迫他的学生，以至于学生们决定以不听课来进行抗议。他威胁学生，他会从他认为最关心自己成绩的学生开始点名，如果某位学生没有回应，他就会把这位同学的成绩降低一分。班里有的孩子能够明白老师这样对待他们的方式是不公平的、错误的。然而还有的孩子可能会学到凌驾于共情之上的行为，诸如欺凌、鄙视和操控，把这些行为看作可接受的获得想要结果的手段。

不过，儿童还是最有可能将他们潜意识里学到的来自父母和其他理想化榜样的美好品质进行内化。他们会内化自己觉得舒适和熟悉的品质，这就是为什么示范共情行为如此重要。在这个理想化的过程中，儿童学会形成“理想的自我”。到那时，即使父母的错误和弱点暴露出来，儿童的自我意识也不太可能受到较大影响。通过树立良好的榜样、兑现承诺、诚实并充满共情地与孩子相处，我们让拥有这些特质的人更有可能出现在他的生活中。然而，当儿童看到自己信赖的大人做出不友善或轻率的行为时，他可能没办法接受这一事实——一个拥有如此强大的力量的人是个坏人。作为一种心理防御机制，儿童会说服自己——别人应该受到不友善或轻率的对待，并开始模仿同样的行为。在心理学上，这种防御机制被称为“攻击者认同”（identification with the aggressor）。

你的选择将决定你帮助你的孩子最终成为怎样的人。

## 双倍体验

儿童发展出共情能力的另一个非常重要的过程是“孪生”（twinship）。随着孩子的成长，家庭以外的人际关系开始变得更加重要。在儿童学会合作和协作玩耍之前，他们就开始喜欢和别人待在一起，这增强了儿童的自我意识和归属感。

对孪生的需求是普遍的。儿童可能会出于种种原因被同伴所吸引。有时候，这些吸引是显而易见的，比如他们都喜欢《星球大战》、马、书或是乐高玩具。这些早期的亲密关系帮助儿童脱离父母，让他觉得自己和别人一样，他的生活经验是有意义的。在他的“孪生子”这里，他发现有人能够理解自己的观点，懂他。他可能会放弃一些早期的关系，并基于相同价值观和生活经验发展出新的关系。当两个 5 岁时每次一起上舞蹈课的女生中的一个开始对足球感兴趣，而她的朋友开始对戏剧产生热情之后，她们的关系可能会慢慢变淡。然而对孪生体验的渴望是一直存在的。之所以孪生能够建立共情，是因为它让孩子明白有人像他一样，他的经验是可以被理解和分享的。尽管儿童会害羞，但是在他和他的同伴相处时，由于害羞带来的交流障碍会减少，让他们对彼此展现出诚实和脆弱。这是意义深远的经历，因为它激活了双方大脑中相同的神经回路，创造出了安全感和归属感。当足够多的相似点映射到大脑中，儿童会更愿意暴露他们的弱点。儿童早期的表露能够帮助建立极其强大的信任关系，这将会影响他余生的人际关系。

对一些儿童来说，融入社会和交朋友是一件需要全身心投入的事情。没人想成为格格不入的人。每个儿童都想被选入球队或是找到一个自己适合的社会团体。对于孪生体验的需求会从青少年一直持续到成年。长此以往，儿童更喜欢把时间花在和他们有共同之处的孩子身上，他们有共同的技能、天赋和激情，这些特点又会强化他们的兴趣和自我，进而创造一个环境，使他们能够茁壮成长并发展出更多的共情能力。这就是为什么喜欢运动的孩子和队友的关系更亲密，而对戏剧感兴趣的孩子经常和同样喜欢戏剧的朋友出去玩。

如果彼此没有给予接受和理解的情绪支持，而是提供防御和分散注意力的应对方式，孪生关系也会出现问题。当某人遭遇情绪创伤时，周围可能没有支持理解并安慰他的人，他的“孪生子”可能会引诱他去做一些自我麻痹的事情，例如使用药物、喝酒。或者如果没有“孪生子”，他可能会通过反社会行为来填补空虚，试图掩盖自己的孤独、寂寞和被遗弃感。所以让儿童接触到积极的孪生关系和让他们接触到积极的榜样同样重要。

如果你是孩子的父母，在孩子即将步入青春期时，要关注这种孪生关系。你的孩子所选择的与之交往以及他认同的人会对孩子之后的人生产生深远的影响。如果孩子没有选择适应能力强的伙伴，而是选择鼓励他们用药物和酒精掩饰自己情感，或是看色情作品来寻求性刺激，又或是带他们去冒险并可能导致受伤或死亡的人作为伙伴，就会出问题。

## 处在岔路口的共情

几乎所有的父母对他们的孩子都有由催产素驱动的天生的共情。父母也会遇到压力过大的时刻——他们想要让孩子短期内保持愉悦的心情，又需要培养和教会孩子共情以使孩子长期受益，当两者出现矛盾的时候，父母就面临着如何教会孩子真正的共情的挑战。当然，这是一种微妙的平衡。

对儿童的支持必须随着时间的推移自然地发生变化。在孩子生命的早期，生理需求和情感需求往往是混合在一起的。孩子一哭，爸爸或妈妈就喂奶或是换尿布。如果孩子感到疲倦或是表现急躁，爸妈就哄他睡觉。按照传统，在孩子出生后的几周里，父母承担了大部分照顾孩子的工作。确实研究表明，在整个童年时期父母给到的支持的程度是孩子长大后共情能力和换位思考能力的主要预测指标。

这很容易理解，支持孩子的父母是能够调整自己，使自己与孩子的需求保持同调的。当他试图搞清楚孩子为什么哭的时候，会站在孩子的角度思考问题，并做出适当的补救。无论父亲还是母亲都会告诉你，他们能够从孩子的哭声中分辨出孩子是饿了，尿布湿了，还是想要寻求关注，等等。

关于要让孩子在婴儿床里哭多久才能跑过去满足他的需求，我猜想几乎所有的父母都阅读过相关文章或是书籍。孩子的啼哭声充斥在你的意识里，你已经听不到其他声音，身体的每个细胞都在关注孩子的哭声。但是那些从不放松、给予新生儿高度关注并持续满足孩子每个需求、愿望和要求的父母，只会给孩子带来伤害。过度关注孩子会对孩子安全感和共情能力的培养产生持久的负面影响，这和忽视孩子带来的负面影响几乎相同。

那些在需求得到满足之前会先哭一会儿的孩子，会经历“适度挫折”（optimal frustration）的过程，并发展起自我安慰的能力。过度关注孩子的父母没有让孩子体验到等待（等待过程可以帮助建立信任），而是立刻满足孩子的需求，这样可能培养出缺乏共情能力的孩子。当孩子必须等待一小段时间（但时间不能太长），照顾他的人才能来解决他的问题时，他就会建立起一种信任，相信照顾他的人不久将会出现。父母可能会被孩子凄惨的哭声和眼泪弄得无所适从，失去所有的理性决策能力。你不可能在孩子每次哭的时候立即做出反应，除非你不用洗澡和上厕所，或是家里没有其他需求同样很迫切的孩子。孩子是可以接受他们的需求需要等待几分钟再被满足的，这并不会使他们受到伤害。

我认为，不教给孩子适应适度挫折的能力是一种错误的共情行为。这说明父母对于孩子哪怕一秒钟的不开心都是无法忍受的。当你的孩子弄伤了膝盖或是和朋友打了一架，他是需要共情关心的，这时你可以帮助他减轻痛苦。这些正是父母的共情机制发挥作用的场景。然而如果孩子因为你选错了纸巾的颜色而大发脾气，而此时你向他道歉，那么共情就用错了地方。一位向我咨询的母亲会把碎薯片都黏在一起，因为如果她的女儿发现薯片碎了，就会气得脸色铁青。如果你通过把零食黏在一起来平息孩子的怒气，我可以向你保证，你教给孩子的并不是一种健康的共情能力。这种纯粹的情感和情绪共情并没有包含认知和思考的部分，它传递的信息是，孩子不用去容忍生活中最小的不如意。

当你不明白为什么总是对孩子说“好”反而是不好的时候，你就是在实践一种错误的共情。你的目标不是给孩子创造无穷无尽的快乐体验，而是要教会他既要享受快乐的时刻，也要能够面对生活的挑战。就像有些人天真地以为结婚就是充满玫瑰和浪漫的漫长约会一样，有的父母认为自己的职责就是让孩子永远快乐。生活中有很多令人不愉快的事情，它们可以培养孩子的勇气、毅力和适应能力。

许多家长不明白，适度挫折可以帮助孩子建立自信和培养韧性。它教会孩子：即使今天或此刻我没办法得到我想要的，但是通过信任、坚持和努力，最终我的需求会得到满足。明白了这一点，即使尿不湿湿了几分钟，婴儿也不会大哭大闹，从而让自己逐渐入睡。明白了这一点，当你在沃尔玛对蹒跚学步想要买玩具的孩子说“不”时，他也不会崩溃。明白了这一点，成年之后，他就会知道他必须投入时间才能在工作上得到大的提升。

向我咨询的一些父母没办法容忍自己的孩子不开心。这就涉及共情能力的一个方面：要求父母具有自我调节能力。共情的一个陷阱是由于父母和孩子具有相通的强大的神经回路，因此孩子的每一次失落都会使父母感到痛苦。在你的孩子哭泣的时候，你也会情绪低落，此时你的前额叶（也就是负责理性决策的部分）已经不能正常工作了，你的反应只是纯粹的情绪反应。是时候该退一步并重新评估当前状况了。

我希望父母们能从本章中认识到的一点是，当他们发现他们在满足孩子的每个心血来潮的需求，并且认识到这是不对的时，可以按下暂停键，花时间思考一下自己是在满足谁的需求。这样做是为孩子好，还是只为了结束关于孩子想要什么的争论？为了他们自己和他们的孩子，他们必须学会忍受孩子的不满。想要养育出一个有共情能力的孩子吗？请停止带有误导性的共情训练。早点教会孩子如何独立入睡，建立彼此的信任，让他相信当他需要的时候，你会在他身边。

喂养也是如此。我认识一些会为家里的每个孩子准备单独的餐食的父母。在没有均衡饮食指南的指导下，如果孩子想吃什么就吃什么，孩子会从中习得什么？并且，为每一个家庭成员单独准备一份餐食有多麻烦？最终，变身为快餐厨师的父母一定会有些许怨恨。这种准备特定餐食的形式在孩子成年之后会带来影响，由于这个世界并不能立即满足他们的每个愿望，他们会感到沮丧和不开心，并且没有安全感。

当然，这并非你所愿，但是由于误用共情，这可能就是结果。

一位我认识的名叫简的商人，给我讲了她的雇员大卫的故事。大卫显然觉得他已经做好承担更多责任的准备，并且想要得到晋升，但他没有直接和简说，而是让他的父亲给简打电话。简讲述了她和这位未曾谋面的住在千里之外的父亲的奇怪对话，这位父亲告诉简，他的 26 岁的儿子比简想象的要能干很多，而这位“能干”的儿子就坐在距离她几十米的地方。

这是一个父母持续掌控孩子的极端案例，也是误用共情的最糟糕的例子。这样的关系会让孩子无法像正常成年人一样生活。在孩童时期，大卫的父亲很可能告诉他所有事情都必须按照大卫的意愿进行，如果没有，父亲会马上提供帮助。如此行事，适度挫折在哪里？努力工作，自力更生，感受因为自己的能力赚钱而获得的成就感，这些目标体现在哪里？父亲插手直接与儿子的老板谈升职加薪，这并不是社会的运转法则。

我见过很多父母，在孩子成年之后，仍然想要保有对孩子的控制权。这些家长总是强调他们知道什么对孩子来说是最好的，即使在孩子成年之后，也并不认可孩子的能力。你需要支持孩子，但是也要能够宽容地允许他们犯错。如果你仍然独断专行，就好像你永远都是专家，而你的孩子永远只是孩子，当你的孩子长大之后，你可能会失去与孩子建立真正有益的成人关系的乐趣，他们可能永远不能把自己视为有成就的成年人。

到某个时间点父母可以学着说："这种情形我之前提醒过你，现在我不会再管了，是时候让生活成为你的老师了。"在孩子小的时候，你越是鼓励他们在共情方面进行学习和训练，越是通过适度挫折让他们感受需求得到满足的期待，他们在长大后越有可能独立自信。你帮助他们建立起了自信，鼓励他们为了实现成就而去冒险，去追求。如果你能为他们创造一个环境，让他们成长为理想中的自己，孩子就更有可能在你变老了，自己也长大的时候仍然和你保持联结。在老年时期，有时最有意义的关系就是你和养育的孩子们的关系，他们见证了整个生命周期，也需要面对、享受和适应生命中的各种变迁。

过度共情的反面当然就是忽视。忽视对孩子的学业表现有巨大影响，一项研究发现被忽视的孩子表现更差，得到更低的分数，与同龄人相比，他们更有可能复读，以及受到更多的停学和处分的惩罚。有趣的是，适度的忽视能够激发孩子成为优秀的成功者。孩子可能通过完成一些壮举或是取得一系列的成就来吸引世人的目光，然而，即使取得了成就，他们也会因为自己缺乏共情能力而感到空虚。对外，孩子可能是很成功的，但是面对自己的内心，他们是很煎熬的，因为他们从未感受过镜像回应和被肯定。在童年时期在一定程度上被忽视的人对他人的肯定以及在人际关系中的共情体验有着强烈的渴望，这是很常见的。然而，如果他们的自我价值感没有得到充分的镜像回应，他们很难展现出自己脆弱的一面。

重度的忽视会有完全不同的结果。成长在重度忽视家庭中的孩子，很难获得自我价值感。一个被自恋或是有虐待倾向的父母抚养长大的孩子，长大之后很少想和父母联系。在我的工作中，经常听到成年子女这样说："以前他们没有陪在我身边，现在我也不想去看他们。"许多成年之后的子女由于不想花时间陪伴父母而感到内疚。这个循环是可以被打破的。如果父母能够在孩子的一生中给予共情、支持和理解，那么孩子成年之后一定仍然想要和父母保持联结。

一些家长认为，给予孩子礼物、假期活动和其他物质的奖励也能达到这个目的，但是这些物质性的东西并不能作为真正看见孩子的替代品。父母对孩子的接纳将为他将来的成人关系铺平道路。给予孩子共情必然会产生相互共情。好消息是即使面对父母的极端忽视，一些拥有韧性的孩子也能够找到其他榜样，帮助自己变得有成就。有韧性的孩子将会学着模仿和尊重那些给予并接受共情的人。这一点是至关重要的，它解释了为什么那些没有从原生家庭获得强大支持的人也能成为坚强正直的领导者：因为世界上还有其他人走入他们的生活并看到了他们身上的潜力。

## 称职可能就是"足够好"

为人父母并不只是教孩子习得共情，更是考验自己。当孩子触及你的共情底线时，你需要记住在所有的困难行为背后都是对被爱和被理解的渴望。表现共情的最佳方式就是倾听，这是共情最容易被忽视的一个关键要素。在孩子说话的时候要认真倾听。你也许并不赞同从他嘴里说出的一切，虽然他可能在胡言乱语，但是请让他表达。如果你只是倾听而不做评论，你就打开了一扇了解孩子生活的窗户，并强化了这样具有开放性的对话。

当孩子进入叛逆、好斗、不愿表达的阶段时，对父母来说，共情可能是一种考验，但是这也是孩子最需要得到父母共情的阶段。例如，在青少年时期，孩子常常寻求更多的独立。也许你还记得在你的青少年时期，激素分泌、社会压力和学业要求的多重作用使你感受到的混乱。在这个阶段，很多孩子会反抗父母的镜像回应，如果父母由于这种反抗而放弃给予镜像回应，这是错误的。

恰当的时候，你可以将眼中的光芒给到任何年纪的孩子。人类永远都有渴望光芒的需求。即使孩子的技能逐渐发展，建立起了自信和能力，他们仍然需要父母的关注、鼓励和对兴奋的镜像回应。不过，共情最重要的时刻，恰恰是它受到考验的时刻。如果你的孩子变成了一个以自我为中心、爱生闷气、不会尊重别人的人（至少有的时候如此），请记住他仍然需要你。我见过很多家庭出现混乱就是由于父母没有足够的耐心应对乖戾、挑战底线的孩子，这些行为在一定程度上都是正常的。这种家庭出现混乱的情况通常出现在父母想要继续充当孩子的管理者而不是顾问的时候。当孩子做非常危险的事时父母必须要介入，但是不必对孩子做的每件事情都发表意见或是反驳。父母需要明白，孩子在整个童年时期，尤其是从儿童过渡到成人这个阶段，充满了各种转变和情绪上的混乱，最好的做法就是陪在他们身边，在他们最需要你的时候给予建议。

为人父母是一件非常困难的工作。历史上没人能够做得完美无缺，你同样也不能。你所能做的就是尽全力。与其把成为完美的父母作为目标，不如做“足够好”的父母——给予孩子的积极互动超过消极互动即可。心理学家芭芭拉·弗雷德里克森（Barbara Fredrickson）的极具启发性的研究表明，当父母的积极评价和消极评价的比例为 3∶1 时，可以预测父母和孩子的关系很好；当积极评价和消极评价的比例为 5∶1 时，父母和孩子的关系就会非常亲密。如果你将 3∶1 作为标准，那么在孩子的叛逆期，你将会获得更多的平静，等孩子长大成人之后，你也将和孩子保持一段成熟而充满爱的关系。如果你成功了，你就能培养出一个令你欣喜、能陪你度过余生的人。

第 7 章

# 学校教育中的共情

位于华盛顿州瓦拉瓦拉的林肯高中（Lincoln High School），被认为是来自全县的失败、麻烦和暴力孩子“最后一次救赎”的聚集地。然而，在仅一学年的时间里，校长吉姆·斯波勒德（Jim Sporleder）便以戏剧性的方式扭转了学校的前景。

斯波勒德引导教师和工作人员尽可能对学生减少惩罚，转而以善意和理解对待学生。虽然学生的不当选择和不检行为仍会被问责，但现在，对学生犯错的第一反应不再是停课或者关禁闭，而是为学生提供帮助。那些没有通过考试、逃课或者遇到麻烦的学生，会得到更多的自习时间、更多的辅导和其他支持性服务的“惩罚”。

调查结果令人难以置信。第一年，遭开除人数下降了近 65%，书面斥责也减少了近 50%，停课人数暴跌了近 85%。

到了第四年，根本没有学生被停课了，被开除人数进一步下降。考试分数、总评成绩和毕业率也开始呈现令人印象深刻的上升趋势。

斯波勒德明白，许多林肯高中的学生没有稳定且有支持性的家庭生活。超过 80% 的人来自经济困难的家庭，超过 25% 的人根本没有家。他们中的许多人都曾遭受暴力、物质使用障碍和家庭破裂的影响。从他的研究中，斯波勒德知道，所有这些持续且有毒的压力都对学生正在发育的大脑造成损害，特别是大脑中负责推理、计划和优先排序等执行功能的区域。不当惩罚行为只会给已经濒临崩溃的学生造成更多创伤，让事情变得更糟。

## “审问式教学”的问题

林肯高中出现在了纪录片《纸老虎》（*Paper Tigers*）中，是一个很好的可以用来说明当共情存在于教与学中时，它会产生实质性的影响的例子。你可以试着把事实和数字塞进某人的脑海，但全方位的共情才能让知识真正扎根。在认知方面，教师必须能够基于学生的视角，具有使用心理理论的能力，才能理解学生的思想和意图。从情感方面来看，教师必须在每天早上走进学校之前，了解学生每天面对的事情，以及学生对生活中发生的事情的感受。没有对学习者的共情关注，你浪费的是每个人的时间，包括自己的。

我在教育界的朋友告诉我，在学生不知道答案或不做作业的时候，试图在同龄人面前羞辱他们仍然是老师们很常见的做法。老师在教室里嘲笑学生，把学生单拎出来，连珠炮般地提出问题，使学生几乎没有时间回答。这种为教学界所熟知的“审问”技巧与羞辱、尴尬和焦虑有关。使用这种方法的教育工作者通常并不是铁石心肠的，他们可能真的相信，羞耻是最好的驱动力。在相关研究的支持下，我深不以为然。

实证研究强有力地表明，情绪会影响一个人的学习情况。处于积极情绪状态（快乐和放松）的学生更容易专注于整体，在需要记忆保持的任务上表现更好。那些心情较低落（焦虑和压力较大）的学生更有可能专注于细节，在知识运用方面会表现更差。在研究中，良好的情绪与更强的问题解决能力和创造性思维有关，而坏的情绪似乎会封闭思想，促使僵化思维形成。虽然过了很久，一个学生可能还会记得他因为自己的无知而在同学们面前受到老师的羞辱，但他更有可能忘记与那堂课相关的其他事情，无法将当时老师希望他掌握的知识转移到新的情况下，只记得他感到的羞愧。

我想我们可以达成共识，即使学生确实做错了，相比于得到尊重对待，被老师大吼大叫或赶出教室也更容易让学生陷入愤怒之中。更糟糕的是，负面的记忆似乎像尼龙扣一样停留在大脑里，糟糕的教育经历会被记住，并在很长一段时间里被反复重温。从神经科学的角度来看，提供肯定的教育更有意义。尊重和鼓励会刺激大脑产生多巴胺和其他与幸福以及满意相关的神经化学物质——从而促进最佳学习。

显然，教育不可能都是奖励小红花和拍拍孩子的脑袋以示鼓励。纠正措施在教育、子女养育以及整个社会中一样都有其重要性。然而，零容忍政策以及其他严厉的管理学生行为的惩罚性方法，破坏了学习环境，并将愤世嫉俗嵌入了系统。这些方法可能在短期内解决了行为问题，但从长远来看，它们使师生关系中滋生了恐惧和轻视。当学生没有机会练习建设性行为时，便会强化不太理想的行为。澳大利亚的一项研究发现，多次被停课的学生从事反社会或犯罪活动的可能性是其他人的近五倍。

## 利用社会脑

当然，要使共情教学有效，它必须远远超出奖励和惩罚的反应。换位思考，即从学生的角度来看世界的能力，对学生的学习是至关重要的。我们知道儿童的大脑不仅仅是成人大脑的微型版本。根据神经科学目前的观点，青少年的大脑灰质仍在发育中，直到 25 岁左右完全成熟。这意味着，经过多年的正规教育，孩子的大脑在不断变化、重塑、成型和适应新的刺激，它不是变得更大，而是在构成一个人基本学习能力的区域之间形成更强的连接。大脑在控制情绪和诸如推理、决策与自我控制等执行功能的区域发展得更慢。

大脑的社交和关系区域在所有年龄段都很活跃，尤其是年轻和发展中的大脑，这些区域特别繁忙。到孩子上中学的时候，同龄人的重要性超过其他所有人，成年人通常被视为无聊、一无所知的人。研究表明，当孩子休息时，大多数孩子都在考虑社会关系。孩子的思想自然会涉及谁是谁的朋友、人们对某人的看法、他们的朋友如何看待他们，以及他们是被同龄人接纳还是被排除在外。

这种充满情感的发展阶段得到父母、研究人员和教师的广泛承认和记录。例如，加州大学洛杉矶分校的一个团队开展了一项聚类分析研究，将死记硬背的记忆技术与有社会动机的学习技术进行了比较。他们引用的一项研究把参与者送入功能性磁共振成像机器，然后向参与者展示了几段描述新电视节目概念的段落，并要求参与者用这些故事创意向一个假定的老板做一个试播集的推介。通过观察大脑的哪些部分在推介前和推介中被激活，科学家们能够识别位于大脑社交中心的神经区域的高活动区，他们称之为“心智化网络”。

心智化是心理理论的同义词，即想象他人的思想、感受、意图和愿望的能力。这项研究的结果真正值得注意的是这些信息本身——电视试播集的描述——与参与者个人无关，这只是他们得到的一些信息。然而，正如扫描参与者的大脑所显示的那样，他们把信息置于大脑中一个可以轻松准确地提取故事情节的区域进行故事线的加工，很可能是因为他们知道自己必须向其他人提供一个清晰的解释。这一区域就是负责认知共情能力的大脑区域。在参与者被要求记住事实以进行测试的研究中，他们似乎将信息存储在大脑中一个完全不同于死记硬背记忆的区域。

然而，尽管我们知道年轻的大脑是有社会动机的，但传统的课堂学习通常都集中于大脑中那个负责存放记忆的区域。在我看来，传统的课堂学习错过了一个让学生在关系背景下呈现学习主题的机会，这个机会本可以让学生将信息吸收到他们已经准备好的共情大脑中。根据美国国家教育统计中心（National Center for Education Statistic）的数据，典型的美国学生到 18 岁时参加了将近 2 万小时的课堂教育，在一些国家甚至更多。虽然世界各地的教育工作者都认为儿童教育应该以死记硬背和基于事实的学习为核心，但研究表明，儿童只记住了他们在课堂上学到的一小部分。毫无疑问，我们需要为教育开辟新的道路。

还有一些更有启发性的教育方法确实利用了大脑中的社会优势。其中一种叫作项目式学习（Project Based Learning，PBL），它在 20 世纪下半叶开始出名，尽管它背后的思想，“通过做来学习”，可以追溯到亚里士多德和苏格拉底。它早期的支持者包括意大利教育家玛丽亚·蒙台梭利（Maria Montessori）、著名的发展心理学家让·皮亚杰、著名的心理学家约翰·杜威（John Dewey）——堪称 20 世纪教育理论的权威，杜威同时还是（对于那些还记得的人来说）杜威十进制系统（Dewey decimal system）的发明者，该系统被用来对图书馆书籍进行分类。

项目式学习是基于这样一个概念，即人们——尤其是儿童——通过提问、反思和与其他人互动来学习。项目式学习的关键在于，你可以通过问题解决练习和小组项目学习来解决现实世界的难题。学生们通过合作、提问和创造来一起学习。这种方式超越了重复、记忆和反驳事实，以发展批判性思维和沟通技巧，帮助学生面对在学校和其他地方遇到的持续挑战。研究表明，项目式学习和类似风格的教育增加了学习主题的记忆率（subject retention），并改善了学生对学习的态度。项目式学习似乎更好地让学生为更深层次的学习与更高级的思维能力和人际交往能力做好准备。如果你认识不到共情和共通心智在这种学习模式中所起的整体作用，你就不能谈论人际交往技巧的实践。

我很高兴，现在成人教育也在尝试体验式学习模式。我自己也很幸运地参加了由哈佛梅西学院（Harvard Macy Institute）主任伊丽莎白·阿姆斯特朗（Elizabeth Armstrong）设计的以体验为基础的课程，包括关于医生在教育方面的领导力和领导医学创新的课程。哈佛医学院十分有影响力的已故院长——丹尼尔·托斯特森（Daniel Tosteson）博士数十年前聘请了教育专家阿姆斯特朗，帮助自己将学校的课程改造成一种以案例为基础的学习方法。他们认为，传统的识记和重复事实的教学方法无法培养学生解决病人实际问题所需的心理技能。他们的目标是通过基于问题的学习和更加自主的方法改变医学教育的基础，因为他们明白终身学习技能对于医学实践和优质的患者护理至关重要。这种新的模式指导了许多其他医疗机构，并成为当今医学教育的核心内容。

最近我与阿姆斯特朗交谈时，她告诉我她坚信主要通过死记硬背来学习的方式应该像恐龙一样灭绝。“在 21 世纪，我觉得人们学习探索要比依赖分类和记忆更重要，他们需要被驱动着去提问和解决问题。”她说，“对大量信息的记忆和反刍并不总是能培养出最好的、最具情感适应性的学生。医疗实践的未来将会更多地利用人工智能和大数据。我们需要从业者来学习如何挖掘这些信息。”

与许多课程教授一系列医疗方案和手术操作不同，阿姆斯特朗鼓励学生将重点放在真实的病例身上，分组合作，并不断扩展他们的知识。我喜欢案例研究，因为它们让学生以我以前从未想过的方式，将他们已经知道的知识应用到现实生活中。它们要求学生把病人想象成一个完整和真实的人，想象病人的社会和情感挑战，而不仅仅把它们当作一组细胞和疾病的集合。案例研究让我看到当学生将患者视为人类同胞时，自然会产生更多的共情和理解。

## 课堂中的 E.M.P.A.T.H.Y.

当教学中缺乏共情时，人们往往倾向于只重视表现和可衡量的指标，而没有真正考虑到为什么教师会得到他们所看到的结果。只专注于智力产出，而不反思影响学习的情感因素，剥夺了我们真正激励学生，或理解为什么其中的一些人会落在后面的机会。在我的实践中，我们称这为“主要症状”和“主要关切”之间的区别。主要症状可能是关注学生成绩差，主要关切则关注的是学生表现不佳的原因。放在 E.M.P.A.T.H.Y. 的七要素背景下，就是“ H”：倾听整个人。

我所知道的把这个概念付诸实践的最好的例子之一，是主显节学校（Epiphany School)，我的朋友卡罗琳·阿布雷斯（Caroline Abernethy）和她的女儿弗兰妮·阿布雷斯·阿姆斯特朗（Frannie Abernethy Armstrong）就在那里工作。主显节学校位于波士顿郊外的一个贫困社区，为 5 ～ 8 年级的儿童服务。它成立于 1997 年，其目标是确保在经济和社会地位方面处于弱势的儿童能充分发挥他们的潜力。

学校在早期的时候发现，如果他们想让孩子们学习，孩子们就必须每天吃三顿饭。这似乎不像一个关注教育成果的教育机构的典型结论，但当卡罗琳和弗兰妮参观孩子们的家时，她们看到许多家庭没有足够的钱购买食物，更不用说去考虑食物的营养与健康了。不需要一项研究告诉她们，坐在教室里肚子饿得咕咕叫的学生处于劣势。现在学校很早就开门了，提供健康的早餐，然后让孩子们全天都待在婴幼儿园以及中学的项目，为他们提供午餐和晚餐。

从纯粹的学业角度来看，这个对孩子的全段关注项目是成功的。刚入学时，主显节学校的学生成绩通常比平均水平至少低 1 个等级，但到 8 年级，他们的成绩比平均水平高出 2 到 3 个等级。虽然位于全美经济后 25% 地区的学生只有 8.3% 能从大学毕业，但超过 60% 的主显节校友获得了大学文凭。最令人印象深刻的是，主显节学校走出的大学毕业生已经回来任教，因此学校在教育方面的投资已经开始产生周期性红利。

从喂养饥饿的孩子到表达共情再到学校的成功，弗兰妮在三者之间画出了一条直线。

“我们认为，如果学生不做作业而我们说‘没关系’，这不是表现出共情。”她解释道，“我们找出了他不做作业的原因。如果他是因为家里没有食物而饿肚子才没有做作业，那么这就是我们要解决的问题，这就是对孩子接受教育表示出的共情。”

我对此深表赞同。这就说明了为什么在教育中“倾听整个人”是如此重要，而不是把每个学生当作一艘必须充满知识的空船。学校不教数学、英语和科学，而是在育人。主显节学校考虑到了孩子的家庭生活，然后提供了我们大多数人认为理所当然的支架。这不只是给他们吃早餐。父母或看护人能激励学生出类拔萃，这是主显节学校的许多孩子并不具备的另一个内在优势。学校也增加了学生每天在校做作业的时间，假定家里可能没有人提供基本的条件来让他们完成作业。

就在马萨诸塞州多切斯特的主显节学校街对面，一家名为每日餐桌（Daily Table）的新型非营利杂货连锁店的厨房提供了另一种形式的共情教育。乔氏超市（Trader Joe's）的前总裁、创始人道格·劳奇（Doug Rauch）观察到："在为经济困难者提供食物的大多数方法中，缺少的一个要素是有尊严的选择，这些选择提供了一种养家糊口的感觉，其中包括学习如何准备健康食品。"

食品安全是影响 1/6 美国人的问题，有 1700 万儿童得不到他们需要的食物。道格还深谙健康饮食对健康的重要益处。这是一项被称为"溯流医疗"的新运动的一部分，该运动的重点是预防疾病，而不是治疗疾病。

培养健康的饮食习惯，减少患糖尿病、肥胖症、高血压和遇到其他健康问题的可能性，道格的教学团队不只关心他们的客户从店里买了什么，也关心顾客如何烹饪食物。一位顾客自豪地喊道："自从我在这里购物以来，我已经减掉了 75 磅，而且我已经不用服用糖尿病药物了！"

直接进入课堂本身，我们看到其余的 E.M.P.A.T.H.Y. 要素也有助于营造一个激发学习的环境，以一种更简单直接的方式。一个好老师使用共情的关键要素会使他们教授的内容令人兴奋又有趣。如果这些关键要素缺失了，即使是最先进的课程也会失败。一个不共情的老师是冷漠的，更注重自我，他大部分时间都在传播知识。共情的老师善解人意，通过学习者的眼光讲授自己的知识，并注意学习者的心理状态和情感反应。

最好的老师，无论他们教什么或教给谁，都会与学生进行眼神交流，并敏锐地观察到学生的面部表情、姿势和肢体语言的变化。他们知道，当他们看到教室里有学生皱着眉头和眯起眼睛时，这些学生可能是感到困惑。如果椅子上是趴在桌上的身体和茫然的面孔，他们就会因为自己的无聊和冷漠而失去课堂这一阵地。

从学生的角度来看，一个没有变化、喋喋不休的老师，跟看着油漆变干一样无聊。研究表明，学生仅根据语气就能在短短 15 秒内判断某人是不是一名好老师。专注的老师会知道如何激发学生的情感，或改变课程的编排方式以使内容更有意义。曾经我有一位老师，他知道孩子们在数学课上并不是很开心，所以他从我们的日常生活中提取例子来保持数学课的趣味性，比如在学生的花园里找到花的数量的平方根，或者用我们的名字来代替变量。这么多年过去了，我仍然记得如何解方程！

如果你充满激情并真的关心学生的学习，我认为这是一种共情关怀的表达，是给学生的真正礼物。教师的充分参与更有可能激发学生的充分参与。我将保持学生的出席率和参与度视为对教师的个人挑战。在我小型、亲密的研讨会上，我特别注意每个学生眼睛的颜色，这有助于我与他们的目光保持更长时间的接触。我尽可能地提到他们的名字。我不断地环顾房间，评估学生的面部表情和肢体语言，以确保我能抓住全班同学的注意力。我也会分配一些讨论的时间，所以我不仅仅听到我自己的声音，也乐于倾听他们，给学生表达自己的意见和提问题的机会。

## 教育的未来

尽管教育工作者意识到了体验式方法的价值，仍有人反其道而行之，朝向数字学习的相反方向发展。这颇具讽刺意味，因为在线课程似乎消除了人际关系，并消除了师生之间的共情要素。

大规模的开放在线课程——通常被称为慕课（MOOCS）——是由 Coursera、edX 与 Canvas Network 等组织提供的。这种形式的教育在 21 世纪初之后就开始发展，目前有来自世界各地的 700 多所大学，包括哈佛大学、牛津大学和普林斯顿大学等著名教育机构，都推出了免费或低成本的在线课程。已经有近 6000 万学生参加了在线课程，其中一些课程吸引了成千上万的学生。

开放访问的课程有可能使学习民主化。在线课程为数以百万计的人提供了指望和机会，否则他们就没有机会向世界上的一些顶级教授学习文化知识。对于一个积极向上、自我驱动的人来说，在线课程可以帮助他们开始从事新的职业并改变自己的生活。

然而，问题也同样存在，大多数学生都有完不成网上课程的可能。尽管数百万学生通过 Coursera 报名参加课程，但该公司及其大学合作伙伴仅颁发了区区 28 万份结业证书。一般来说，慕课的完成率约为 15%。哈佛在线教育（Harvard X）和麻省理工在线教育（MITx）报告的完成率只有 5%。

怎么会这样呢？明明各种专家都预测，数字学习将很快取代面对面的学习。

不出所料，调查显示人们更喜欢当面培训。有些学生的计算机操作能力有限，难以浏览这些课程，或者他们在面对技术问题时不知道该怎么办。其他人则无法管理自己的时间或保持自我学习动力。最大的诉求是什么？人们都很想念与老师的互动。因为可以提问或听到一些直接来自老师和同学的鼓励的话语时，他们发现面对面的上课是一种更有意义的经历。随着 E.M.P.A.T.H.Y. 七要素的消失，线上学习似乎不过是盯着不回话的屏幕而已。

然而，我对慕课的前景充满希望，我不认为它很差。首先，提供一个自主学习的选择是有好处的，它允许学习者在他们需要的时候花尽可能多的时间在课程上，没有任何羞耻或尴尬。其次，我认为有一些简单的方法可以将一些个人元素添加到数字教学中。我自己的公司提供了我们的部分在线课程。是的，我们是在教授共情！

许多在线教育公司明智地后退了一步，考虑将人的元素引入到慕课的网络体验。他们提出了“混合”解决方案，结合了在线的优点和真实的人际互动。在我公司的在线课程中有丰富的视频材料，我们还提供学习社区的现场研讨会，以加深学生对资料的学习，并为特定的观众定制课程。一些平台已经增加了电话会议、视频聊天和讨论板。在没有直接接触到教授的情况下，学生们可以在在线讨论室里互相交谈。

我最近和一名女子交谈，她参加了一个在线写作课程，教师创建了一个聊天室，并为2万多名注册者举行了视频电话会议。在一次电话会议中，教师选择了她的文章并进行大声朗读，称赞这是他多年来见过的最好的写作例子之一。这名学生深感自豪与被认可。她认为这一认可在她的学习过程中是一份巨大的礼物，并说这让她有信心现在开始高产的写作生涯。尽管教师只读了一篇文章，但他也为其他学生做了一些事情，他向其他学生展示了他实际上有在聆听，对于教师来说，他们不仅仅是一群不露面的无名学生。我无法证明这一点，但我觉得承认一名学生的工作可能会激励更多学生更加努力，学生希望自己的劳动成果获得认可。

在我们的共情课程中，我们也采取了类似的方法，但我们会更进一步。我们有一个专家团队会到其他医院和诊所现场进行“讲师培训”，以便我们课程的在线学习能够满足学员的需求，无论他们是外科医生、初级保健医生、急诊室护士还是其他一线工作人员。我们的一些材料分布广泛，并在网上提供，而有些材料只有在老师和学生互相注视和进行情感交流时才能被教授。这种混合的方法似乎是理想的，我认为要让数字学习随着时间的推移而取得成功，这是它必须走的道路。

## 用共情培养孩子：ABC 原则

到目前为止，我们一直在讨论创造一个共情的学习环境。但是，如何教育出富有共情心的学生呢？

被共情对待的学生自然会更倾向于表现出共情和关怀。如果他们被具有这些特征的人教授，他们更有可能发展出强烈的社交意识和高情商。考虑到从 5 岁开始，孩子们每天在学校花费 6 ～ 7 个小时或更长时间，他们的教育经历将对他们的共情倾向产生很大影响。学校在教授认知和情感共情的课程方面的重要性与父母和同龄人并驾齐驱。你在第 1 章中学到的共情 ABC 技术教导学生需要学习如何：①承认自己和他人的情绪；②在情绪触发时学会深呼吸；③当不理解他人的反应时培养好奇心，以获得更多的理解和解决差异的机会。

我遇到的绝大多数在职业生涯中感到快乐的人都有这样一位老师，他让他们意识到自己一些内在的潜力，或者意识到自己真的很擅长某些事情。我们中的许多人都有一些帮助我们成为想成为的人的老师。你有吗？你有一位或多位老师跟你共情吗？他们有努力和你建立联结吗？我们记得这些老师，因为他们关心我们，不仅关心我们的成绩，也关心我们的一生。这些老师帮助我们看到了大局，看到了我们的潜力，看到了我们的希望。花点时间反思一下你在生活中正在做什么，试着找到一个可能让你走上这条道路或帮助你发现你的生活应该做什么的老师。这就是共情教学的力量——几乎没有什么比这更重要了，它能让我们的生活充满目的和意义。

我喜欢一个来自新泽西州丹维尔（Denville）的教室的教学案例，在那里共情的概念是用非常明确的方式教授的：在这个案例中，老师向中学生展示了一款电子模拟游戏，该游戏为每个玩家分配了一个角色名和一个背景故事，玩家要么是一个试图越境进入美国的移民，要么是试图阻止非法移民入境的边境巡逻队员。移民储备了补给品，并规划了穿越险恶的亚利桑那沙漠的路线，他们通常由狡猾的向导带领，但向导有时会抢劫他们或让他们滞留。如果他们的团队中有人生病或受伤，他们必须做出艰难的决定：与伤病队员携手共进还是置他们于不顾？与此同时，边境巡逻队员在追踪无证移民，不仅是为了防止他们过境，也是为了提供急救和收集死者遗体。

在移民方面，这种模拟迫使学生思考成为一名渴望重新开始的传统外群体成员是什么感觉。根据现实生活情况，移民只是在努力生存并寻求更好的生活。另一方面，学生们也理解边防巡逻队员的观点，他们的目标是保护国家免受非法移民的侵害，同时也为他们试图拒绝的人提供援助和支持。这些主题考验着许多成年人的共情和理解力。

当学生们被要求接受这两种观点——要理解那些想要获得更好生活机会的移民的想法，并考虑边境巡逻队的困境，即如何在“关怀”能力范围之外收容更多的外来移民时，这场危机的创造性解决方案就出现了。全或无的思考方法的危险之处在于，它可以产生最简单和最有问题的解决方案。这种思考缺乏细致的、微妙的和渐进的解决方案，无法既应对人文主义的关怀所需，同时也确保国家不超负荷。要求学生应对这样的复杂困境，为他们提供了整合多种观点的机会。当他们长大后，我们希望他们记住这一共情游戏活动，以帮助他们做出深思熟虑和公正的决定。在幼儿教育中播下共情的种子，帮助他们成为理解人类情感、基本公平和正义的成年人。

我看到成人教育中也增加了共情。我的朋友阿维亚德・哈拉马蒂（Aviad Haramati，他的朋友称他为阿迪），领导着乔治敦大学医学院的教育创新与领导中心（Center for Innovation and Leadership in Education，CENTILE），该中心专注于培养教师教育工作者。阿迪已将身－心生理学添加到医学生的课程中，包括使用正念冥想和瑜伽这样的自我保健工具——这是医学培训中非常先进的内容。该计划展示了一个很好的机会，可以教医学生更多地了解自己的情绪，以及如何通过反思练习和模拟情境来减少解释、感知和行动方面的偏见。除了关注受训者的幸福感，情绪还可能会对临床医生高水平工作的能力产生重大影响。教育创新与领导中心通过在其召开的会议中强调该计划，提高了国际上对该计划的认识。

我在哈佛梅西学院学习的课程也创造了即时社区。伊丽莎白・阿姆斯特朗主任的一个过人之处是意识到医学教育者需要一种归属感。拥有一个终身的同伴小组可以促进协作和创新，坦率地说，它提供了一种支持和归属感，这是阿姆斯特朗所教的医学教育工作者日常生活和整体职业中所缺少的。让教师的生活变得更美好，医学生的生活也会变得更好，最终，医学生将照顾的病人也能生活得更好。阿姆斯特朗解释说，必须教医学教育者如何教学，以及如何获得肯定以获得满足感。她认识到优秀的教学需要得到奖励和认可，以激励医学教育工作者优先将优秀教学作为他们所选职业的一个整体目标。

共情也可以以更微妙的方式被设计成课程。虽然你可能不记得你最喜欢的故事的所有细节，但你可能会记得主题，因为角色和他们的经历是如此触动你的心弦。也许当你还是孩提时，你最喜欢的是苏斯博士笔下的史尼奇（Sneetches）鸟渴望着肚子上的星星[㊀]。或者当你还是中学生的时候，是哈利·波特失去家人的痛苦。又或者是当你上高中的时候，是罗密欧与朱丽叶之间遭受命运捉弄的旷世奇恋。

在许多故事中，你并不总是知道一个角色的思想，并随时随地对他心领神会。因此，你依靠你的想象力来填补空白以帮助理解角色的意图和动机。当你真正地与一个角色建立联系时，这种联系创造了一种你潜意识地带入你自己生活的心理意识。它会改变你的期望，迫使你正视偏见和刻板印象，

㊀ 苏斯博士笔下的史尼奇鸟把肚子上有没有星星作为“亲不亲，路线分”的标准。——译者注

让你能更好地理解别人：有些人可能不像你那样思考，但你可以理解他的想法和感觉。现在在你自己的生活中，当你遇到一个陌生或复杂的人时，你可能会更容易理解他，因为小说中的角色帮助你练习了共情的技巧。我们将在第9章中探讨支持这一观点的研究，在那里我们着眼于共情与艺术和文学的关系，包括一项关于文学体裁的精彩研究的发现。

在我提高医学生共情能力的工作中，我听到了这样的评论："这些都是人们在幼儿园需要学习的技能——为什么我们现在需要教授它们？"我的回答是，许多学生在幼儿园并没有学到共情。幸运的是，形势是可以逆转的。

现在，美国的许多小学都开设了诸如开放圈（Open Circle）之类的课程，该课程教孩子们表达自己的感受并倾听他人的感受。像这样的项目，教授孩子们感受是要紧的，当受伤的感受能被表达和倾听时，就可以被更好地理解，他们会逐渐感觉好起来。一位孙女参加了开放圈课程的祖母与我分享了这一点："当我5岁的孙女说话时，我正在水槽边洗碗。她轻轻地拉着我的手说，'奶奶，我的老师说过，当人们说话时，你应该像这样看着他们的眼睛（她将我引导到她的视线水平），这有助于你更好地倾听'。她在'开放圈'中学到了这一点。"

这位祖母说，她和孙女的对话发生了一个全新的转变。现在她们用耳朵、眼睛和心互相倾听。我相信现在学习这些技能永远为时不晚。我想知道：如果每个人在幼儿园都学会了倾听和回应感受，我们的世界会是什么样子？

通过参加志愿服务帮助有需要的人，这样的早期教育机会似乎也激发了儿童的共情能力。从摇篮到蜡笔（Cradles to Crayons）是一个非营利组织，其使命是为生活在无家可归或低收入环境中的儿童提供他们茁壮成长所需的衣服和必需品。创始人林恩·马格里奥（Lynn Margherio）观察到，那些引导孩子参与志愿服务的家庭，让他们的孩子有机会考虑其他同龄孩子的需求。富裕社区的儿童通常不会接触到那些生活在贫困中的人。马格里奥分享了一个例子："一个被诊断为自闭症的 10 岁男孩自愿帮助进行鞋子的清洁和分类。在回家的路上，这个很少开口的男孩对他妈妈说'太棒了'。他妈妈吃了一惊——她不知道他竟然会说'太棒了'这个词，但是很明显他说出来了。回到家后，他整理了自己所有可以捐赠的鞋子。里面有一双全新的鞋，那是他求了父母很久才得到的，当他妈妈问他是否确定捐赠时，他坚持让另一个男孩有机会穿上这双鞋。从摇篮到蜡笔组织里每天都能看到年幼孩子的共情，因为他们的父母给了他们展示共情的机会。"

## 第8章

# 数字时代的共情

几年前，网上对《周六夜现场》（*Saturday Night Live*）明星莱斯莉·琼斯（Leslie Jones）的恶毒骚扰事件成为全国关注的焦点。在这位非裔美国喜剧演员宣布出演全女性出演的翻拍电影《超能敢死队》后不久，种族主义和厌女的言论开始充斥社交媒体。琼斯的网站被黑客入侵，恶意攻击在此时达到了高潮，她的护照和裸照被曝光到了网上，还有黑客发布了一张图片把她比作大猩猩。

这次侮辱事件的策划者，其中包括极右翼互联网巨头米罗·雅诺波鲁斯（Milo Yiannopoulos）和他的布莱特巴特新闻网站（Breitbart News），在几篇文章中声称这是琼斯咎由自取。她作为活跃于社交媒体上的名人，应该知道自己是会被嘲弄的对象，而且言论是自由的。这场在Twitter上演的“战争”持续了好几天，直到雅诺波鲁斯和他的黑客大军最终被终身禁止使用 Twitter。

## 肤浅的共情

网上“乱喷”是一个说明数字屏幕如何使我们走上一条不归路，以致失去共情能力的极好例子。然而，未能看到社交媒体头像和键盘背后真实的个人的并非只有网络喷子，有时候就是“普通”人在 Facebook 上留下了冷漠、尖酸刻薄或含沙射影的评论。我们快速发展的文化使得信息爆炸式传播变得很容易，并无须考虑意想不到的影响。

正如艾美奖获奖记者弗兰克·塞斯诺（Frank Sesno）所说：“数字化通信，尤其是社交媒体，过分简化和匿名化了一切，加重了感叹号而不是问号。它消除了复杂性，使其成为实施凌辱的理想平台。”

塞斯诺曾是美国有线电视新闻网（Cable News Network，CNN）的主播，现在是乔治·华盛顿大学媒体与公共事务学院的院长。他指出，我们大部分的交流通过社交媒体被汇聚了起来，产生了将我们隔离而不是团结在一起的惊人效果。由于诸如 Facebook 群组、短信链和 Twitter 清单等社交媒体的诞生，创造信息泡沫和封闭社区都变得更加容易。他说：“有史以来第一次，任何人都可以一次性接触到成千上万的人。它加快了交流的同时，通过过滤器过滤掉我们不想听到的任何东西。”

除了共情沟通的失败之外，人们现在以不同于以往的方式消费着他们的信息，他们喜欢更短、更频繁的数据爆发，而不是长时间吸收知识。例如，我们知道今天的大学生阅读的书比过去的学生少。快速进入和退出社交媒体平台、短信和评论板块，使人脑能够进行更短、更快的交互。与过去相比，使用快速点击的方式来收集信息会导致对主题的理解更加肤浅。我们处理大量材料的速度加快，导致了我们做判断时更加跳跃。

回溯一下第 4 章的共情工具 E.M.P.A.T.H.Y. 中的眼神交流、管理面部表情的肌肉、肢体语言、说话的语调和会意他人的情绪。当我们通过设备进行交流时，这些重要线索就消失了。没有共情的关键要素来引领我们，我们就被剥夺了处理与情感环境互动的机会。如果没有意识到这一点，你可能已经变得不太善解人意了。如果你曾经在 Facebook 上与某人解除了好友关系，或者因多次不回复信息而“幽灵化”了一段关系，那么你已不会受到另一端的人的情绪反应的影响。

停下来想想，为什么大生意几乎总是面对面完成，而不是通过短信或电子邮件。从理论上讲，你可以通过电子邮件来完成整个交易。但是正如我在前面提到的那样，当涉及成千上万亿美元时，贸易合作伙伴仍然希望在签名之前看见彼此，以便可以通过面部表情、说话语调和肢体语言来评估对方的诚实度、正直性和真诚性。共情的线索对于你了解贸易伙伴的愿望和意图至关重要。每当有人在谈判桌的一侧转移视线或双臂交叉时，他就会留下情感的细微线索供你参考。这可能表明他不赞成某事，也可能表明他保留了一些关键数据，或者他对你并不完全诚实。

那么，为什么有这么多人选择用短信约会呢？感情的事不比金钱问题重要吗？这样建立不起真正的联结。我见证了仅通过短信约会的人，当短信枯竭时，他们知道这种关系已经结束。通过将我们的情感和意图简化为键盘上的字母，我们错过了太多关于人们的信息。

数字媒体是一种十分模棱两可的对话方式。我们仍然能感受到情感的影响，但是我们不知道从文字或推文中推断出的情感是否准确。由于缺少了面部表情、说话语调和肢体语言的参考，我们被迫更加注意细节，例如回复的延迟。当在电话上交谈时，你至少有言语的提示，例如停顿和沉默，并且当你听到时，你可以要求澄清。但是如果忽略了某个信息，或者你的 Facebook 帖子没有得到足够的“喜欢”，你会贸然地下结论。当你无法了解屏幕后的人在想什么时，你会感到非常困惑。他忙吗？他的手机掉进水坑了吗？我的上一条短信会不会很有冒犯性？我还能收到他的消息吗？

所有的这些不确定都会盘旋在你的脑海里，只是因为某人没有立即回复文字或发帖，这让你感到坐立不安。同时，在通信另一端的人可能不知道他的延迟回复会导致如此多的情绪困扰，因为在你等待回复的同时他可能无法考虑到你的感受。没有机会提供共情的回应，因为没有认识到需要提供共情的回应。这会引起人们对他人情绪的极大不确定感，并严重破坏与他人的关系。

在海滩、滑雪场、派对和假期中的穿着漂亮、发型精致的朋友源源不断地出现在我们的社交媒体中，这也加剧了人们的不安全感。这表明其他人的生活是完美的、轻松的，相较之下，你自己的（真实）生活显得特别苍白。正如我的一位朋友最近观察到的那样："每个人似乎都在上传他们希望拥有的度假照片，而不是上传真实的旅行，因为真实的旅行是他们错过了飞机，遇到倾盆大雨，并且过程中充斥着争吵。"用这种裁剪的、修饰的、过滤的视角看他人生活，会使我们感到我们的现实生活在某种程度上是不充实的，我们应该努力拥有同样完美的旅行。

## 不断变化的大脑

高速发展的信息正在改变我们的大脑，也改变了我们与他人的联系。现在，随着交流以极高的速度进行，我们几乎没有时间仔细思考就快速做出了反应。渐渐地，这种浅层的互动削弱了我们共情的能力。我的意思并不是要贬低科技的许多优势。科技可以让我与孩子隔着半个世界用 FaceTime 进行通话，并马上安排会议。然而，我们花费了大量的时间在屏幕上。根据凯撒家庭基金会（Kaiser Family Foundation）的调查，8～18岁的人平均每天花费11.5小时使用技术产品。年龄较大一点的美国人每天花费5小时在电子产品上，并用额外的4.5小时看电视。手机用户平均每6.5分钟会查看一下手机——一天会超过150次。

所有的屏幕时间似乎都在改变大脑的工作方式，从大脑的奖励系统开始。手机和其他数字设备会导致个体对多巴胺上瘾，创造一种虚拟的社会联系感，每条短信和社交媒体的"赞""评论"和"分享"都会冲击大脑。大脑产生的大量神经化学物质会让我们对这些爆发的注意点产生渴望，并让我们不断关注我们的手机以体验下一次"冲击"。几项研究已经指出，与阅读消息的实际内容相比，信息到来的提醒声音会让我们释放更多的多巴胺。随着人类的大脑越来越习惯于快速和短暂的信息爆发，有一种猜测认为注意力时间跨度将越来越受到挑战并缩短。

当生活不断被短信和消息提示音打断时，我们就无法完全与他人保持在同一频道。随着在屏幕上对话成为常态，面对面的互动开始消减。《时代》杂志最近对"数字原住民"——出生于互联网时代的人——进行的一项调查发现，54%的人认同"我更喜欢给人们发短信而不是与他们交谈"的说法，相较之下，在互联网统治世界之前出生的人中，这一比例只占到28%。事实上，数字设备的存在会造成交流的问题。在一系列实验中，埃塞克斯大学（University of Essex）的心理学家发现，在两人聊天的桌子上放一部手机会极大地分散注意力并打扰他们的谈话流程。其他的物品，比如书和笔记本，并没有像手机那样减弱受试者的亲近感和联系感。

研究发现，青少年和 20 多岁的人在理解他人的情绪上已经有困难了。当展示面部表情时，分辨出表情所代表的不同情绪对他们来说是一个挑战。年轻人仍在培养共情和理解他人情感观点的能力。青少年的大脑本来就已经有点冷漠的倾向了，因为青少年时期是典型的自我关注的时期。花太多时间盯着屏幕而用很少时间看真实面孔，可能会干扰基本的共情技能的发展，这些技能包括在一次谈话中保持眼神交流或注意到面部表情的微妙变化，无论表情是疑惑、愤怒还是厌恶。

中老年“数字移民”也不能幸免于数字化对共情的损害。共情可以学习，但也可能被遗忘。每天过多地使用电子屏幕，我们可能会对非语言的共情线索失去敏感性，出现共情缺陷。当我们的大脑回路重连，与人类经验分离时，我们失去了一部分人性，削弱了与我们生活中的人建立真正联系的能力。这对每个人来说都是巨大的损失。

因为盯着一个屏幕看会把眼神交流、手势、情感、语调、反映式倾听以及其他每一个非语言交流的组成部分消除，我们失去了所有重要的情感线索。没有它们，我们只剩下屏幕上的文字，无法解析情感的微妙之处。我们很难以共情来倾听，而且不能看到和我们交流的人的反应。这会造成越来越多的疏离感、麻木感和情感冷漠，从而增加误解的可能性以及孤立、孤独和无能为力的感觉。

我认为正念运动和电子通信二者的兴起并驾齐驱并非偶然。至少在一定程度上，正念似乎是对由于缺乏共情理解而导致的情绪失调的一种反应。参加瑜伽课、冥想或散步可以作为一种管理混乱、焦虑情绪的方法，这些焦虑源于我们在设备上日益增长的与他人平面化的联结。

我们知道人们要对彼此产生共情，就不能一直处于情绪痛苦的状态。当他们竭尽全力管理自己的压力激素水平和“战斗或逃跑”反应时，他们无法对其他人正在经历的事情感同身受，因此他们需要借助例如腹式呼吸和正念觉知之类的技术来辨别他们何时有情绪的波动，并决定如何反应，而不是做出以后会后悔的下意识反应。

## 是什么驱动了网络喷子

像莱斯莉·琼斯遭遇的这样引人注目的恶意攻击事件经常成为头条新闻。众所周知，我们每个人都很容易受到网络骚扰的攻击。网络欺凌已经达到流行的程度。根据 Refinery29 最近的调查，近 50% 的互联网用户反映说他们成为某种在线欺凌的目标。当你把范围缩至年龄 19 ～ 29 岁的互联网用户时，这个数字上升到近 70%。Dosomething.org 报告称将近 43% 的小于 18 岁的孩子曾在网上受到欺凌，其中 25% 的人表示他们经历了不止一次网络欺凌。

众所周知，恶霸几乎没有同情心，并且自古以来就存在。互联网只是让他们可以轻松和匿名地溜达。社交媒体使人们将不友善作为武器成为可能。网络喷子可以在 Twitter、Facebook、Instagram、Snapchat、YouTube、reddit、Tumblr、Barstool 和许多其他社交媒体平台上传播他们的恶意观点。网络喷子在他们可以登录的任何数字软件上传播他们的仇恨。

我们知道大多数网络喷子是男性，其中许多人年龄小于 30 岁。通常进行网络欺凌的年轻人可能尚未完全发展出理解行为后果的能力。我不是在为他们的行为开脱，但神经科学已经证实大脑直到 20 多岁才发育完全，特别是男性。一般来说，青少年也易于受到同龄人的压力和情绪感染。他们往往缺乏经验来了解自己对他人进行攻击的原因。有些青少年自己不会想到对另一个人如此残忍，但如果受到一个欺凌者通过情绪感染对欺凌行为的怂恿，这些青少年可能会因为欺凌已经成为一种"规范"而加入这个团伙。不幸的是，这些特征在青少年时期过去后仍会持续很长时间。

对网络喷子的采访令人震惊，因为这揭露出这些网络喷子并不倾向于把受害者视为真实的人。尽管网络喷子的骚扰会毁了他人的生活，在极端情况下甚至会促使他人自杀，但网络喷子似乎并不在乎；欺凌让他们感到被赋予了权力而不是孤立无助。他们生性倾向于反社会，往往缺乏现实世界中所需的社交和情感技能来解决人际冲突——无论是线上还是线下。在最近的一项研究中，加拿大研究人员将在线性格测试与网上乱喷行为进行了交叉比对，发现网络喷子的得分都倾向于“黑暗四人格”一栏，这个词是用来描述四种互有重叠的人格特征，包括自恋、精神病、虐待狂以及被称为马基雅维利主义的操纵欺骗。

由于没有需要处理的社交线索，网络喷子无法看到可能会改变自己行为的恐惧表情、眼泪或防御姿势。如果受害者确实设法表达了受攻击造成的痛苦，网络喷子可以对这些反馈闭耳塞听。他与受害者越疏远，就越能贬低受害者的人性，也就越容易为自己的欺凌行为辩解。他可能会开始相信他愤怒的对象不值得善待或尊重，甚至在极端情况下，他可以让自己确信虐待甚至摧毁受害者实际上是正确的做法。

我们知道网络骚扰的受害者经常因为被欺凌的经历而感到抑郁、焦虑和泄气。网络喷子似乎也需要付出心理上的代价。如果我们把这些感觉当作网络欺凌者的内在感受的映射，我们可能会窥探到一个感到无助、焦虑和抑郁的人，除了向他人激起这种感觉之外，他不知道任何其他出路。网上乱喷会让网络喷子暂时产生力量感，但没有宣泄掉难以抒发的情感，甚至似乎适得其反，导致了更多的抑郁、孤独和孤立。

羞耻感经常在互联网欺凌者的心中闪过（当你知道自己已经做错事时，你会感到内疚，而羞耻感来自感觉自己有问题）。羞耻感通常是由于被他人不当对待而产生的后果性情绪，例如被忽视、被遗弃、不断受到嘲笑，或遭到身体、情感和性的虐待。生活在边缘并相信自己永远找不到内群体的人更容易感到羞耻并成为欺凌者。一些人发现自己不稳定的社会地位和潜在的排斥，在情感上无法忍受，通过进行互联网的荒唐行为来与感知到的内群体保持联系。我们无视这类人的痛苦是在自酿恶果。如果任他们发展，可能会对其他人造成可怕的后果。

著名喜剧演员兼作家林迪·韦斯特（Lindy West）采取了一种勇敢而又不寻常的方法，无意中揭开了网络喷子心中绝望和孤独的一面。她决定写一篇关于在经历一次特别恶劣的网络攻击后所体会到的痛苦的文章。在《卫报》网站的一篇长文中，韦斯特描述了一个网络喷子在网络空间跟踪她使她受到的伤害有多大，从她的写作到她的外表，这个网络喷子对她的一切进行抨击。

令她感到惊讶的是，网络喷子给她写了一封道歉信，解释说直到读了她的文章，他才意识到自己一直在攻击真实的人。当他们最终通过电话交谈时，这个网络喷子承认自己的缺乏信心和自尊的感觉驱使自己对韦斯特如此恶毒。韦斯特怜悯这个人，他们最终见面并分享了超越互联网形象的对彼此人性的理解。

韦斯特写道："我本不打算原谅他的，但我确实原谅他了。"

这显示了恶意欺凌双方罕见的共情。对于攻击韦斯特的网络喷子来说，在社交媒体上发布伤人的话是一种投掷飞镖的练习。网络喷子不会停下来考虑圆靶是否感到疼痛；他只是想瞄准靶心。也许网络喷子的表现是出于孤独和被压抑的愤怒，但是当韦斯特用自我共情展现她的灵魂时，这让网络喷子意识到他的飞镖正在尖锐地刺伤一个真实的人。

鉴于网络喷子心理上的极端反社会性，我不确定韦斯特的故事是不是典型的、可推广的例子。通常我认为就像俗话说的——最好不要满足网络喷子。尽管网络喷子倾向于隐藏他们的踪迹，并且难以追踪他们的真实身份，但美国许多州都有反网络欺凌的法律。如果网络喷子变得太具有威胁性或太危险，他们会被报告给当局。也许用警车的表情符号回应可能会激发他们的前额叶皮层和推理能力，让他们考虑后果。另一种应对网络喷子的方法可能是利用一项性格研究的成果，该研究发现欺凌者无法忍受的感觉：无聊。当网络欺凌者对回应的渴望遇到挫折时，他可能就不了了之。因为我们不能指望大多数网络喷子像折磨韦斯特的人一样做出回应，最有勇气的行为可能是忽略它。

## 一图抵万言

我们需要新的方法来解读片段信息时代的情感。不妨输入黄色笑脸、假笑和皱眉的表情符号。

自从短信开始流行后，在数字化交流中用表情符号来描述情感共情发展得异常迅速。在短信革命之初，人们用表情符号来表达基本的感受和意图，就是输入冒号、破折号、半括号表示笑脸。在 1999 年，日本经济学家栗田穰崇

（Shigetaka Kurita）作为一个团队的一员创造了第一个表情符号，该团队旨在彻底改变日本的交流方式。在日本，人们面对面交流和通过手写信件交流的传统方式是烦琐的，但是充满赞美和尊重，以及善意。栗田意识到键盘信息剥夺了人们用他们习惯的方式表达自己的能力，导致沟通有误和普遍的沟通不良。

如果没有眼神交流和面部表情、姿势、语气和低语的线索，我们很快就会发现自己迷失了方向。如果没有表情符号来直观地感受情感背景，我们的交流方式就有缺乏共情的风险。表情符号的功能类似于语调和肢体语言。研究表明，全世界经常上网的 32 亿人中，92% 的人经常使用表情符号。不管母语是什么，表情符号似乎都能提供情感和意图的广泛线索。

很幸运，我们有表情符号来引导我们通过数字化通信所造成的潜在情感雷区。也许没有它们我们会迷失方向，没有它们我们不能交流，但表情符号足够吗？当你需要联系某人时，它们是否造成了歧义？当你查看大多数人的短信、电子邮件和社交媒体帖子时，里面充满了笑脸和惊讶的表情。目前，除了表情符号，我们还有点赞、心形和“喜欢”按钮，这些按钮象征着思想和感觉的更加细微的差别。现在我们拥有了一切，从独角兽符号，到话题标签，再到 GIF 动图，以帮助我们将一些想表达的情绪重新引入数字信息中。

目前没有足够的数据可以确定，但我们可以推测，看到明亮的黄色笑脸可能会刺激与快乐相关的神经回路，并可能让你的大脑以类似于看到一张真正的笑脸的方式被激活。但表情符号并不是真正的共情代替品。悲伤的表情真的是对分手的恰当回应吗？一篇关于家人去世的帖子呢？虽然表情符号似乎传达了一些情感意图并提供了一些清晰的含义，但表情符号并不能完美模拟情感。

例如，我看到对社交媒体帖子的一系列令人困惑的反应。为什么五个人点击了 YouTube 上关于猫的视频下方的心形按钮，而一个人点击了愤怒的脸？如果其他人都留下了一颗心，那么在 Facebook 的帖子上留下竖起大拇指的符号是不是很粗鲁？如果按下推文上的“赞”按钮可能会违反你工作场所的社交媒体规则，你是否会自找麻烦？

表情符号可能还远远不够。也许我们需要更高级的表情符号来触发真正的共情，例如“我需要谈谈”，或问“现在能谈谈吗”。我们现在使用表情符号的方式存在的问题在于，它们传达了一种感觉，但它们对这种感觉可能意味着什么表达得并不精确，也没有提及一个人的情感需求。我担心人们仍想要通过这些小符号寻求情感上的回应，但暴露这种情感需求的情感风险可能太大了。如果你发送一张懊恼的脸的图片，接收图片的人可能会知道你是沮丧的，但无法得知你沮丧到几乎要哭的情况，从而没有办法来仔细分辨什么回答是你想要的。我还担心，在当今的数字化世界中，冒着风险表达你的情绪，还有你的情感需求，可能会让人觉得太过份了。

自电话出现以来，人类使用面部表情进行的交流就一直受到挑战。随着向数字化交流的转变，新技术正在兴起，为交流加入面部情感表达，改善人们的交流。比如制作个性化头像的 Bitmoji，让你以你想让世界看到的自己的方式描绘自己。你和数字自我的界限迅速消失了。

一些新技术已经在尝试用面部识别软件来映射面部，生成个性化的表情符号。有些人已经开发出可定制的动画消息，这些消息使用你的声音并实时反映你的表情。这种技术进步揭示了这样一个事实：通过短信和电子邮件进行交流的人们，正在继续寻求更精确的交流方式和情感反馈。因为共情和关怀非常依赖共情的七个关键要素，所以更复杂的软件将继续得到研发，直到更高的共情准确性成为可能。

人们不得不考虑将花费多少时间、精力和金钱来模仿人类如此独特的行为：感知和回应其他人的情感需求。如果有一天这些人性化特征被完全归入机器，那确实是悲伤的一天。尽管机器会继续取得进步，但你真的希望你的医生或护士、老师或律师是机器人吗？我希望机器将永远在那里协助交流，但不会取代人类的心灵和灵魂。在社会对新技术的持续渴望中，我希望我们永远不要忘记人类接触带来的舒适感，不要忘记拥抱的温暖或者朋友的会心一瞥，让你知道他能从你的视角来看发生的事。我们都需要知道我们在这个世界上并不孤单，并且我们很可爱——这是机器短时间内不会取代的东西。

第9章

# 共情、艺术和文学

在艾伦·艾尔达（Alan Alda）开始为电视连续剧《陆军野战医院》（*M*A*S*H*）工作的前一晚，他与该剧创作人进行了面谈。这是一档关于朝鲜战争前线医疗队伍的连续剧，也是美国历史上播放时间最长的电视喜剧之一。

“我想确保他们不会把它当作一部愚蠢的喜剧，”艾伦回忆道，“我希望战争在舞台上演时，不只是前线的嬉笑打闹。此外，我更想他们同意展示战争的原貌，告诉人们战场是人受伤的地方。我记得那里有外科医生，所以如果在剧中我看不到他们工作，那就不符合真实的生活场景。”

当我问艾尔达为什么这对他如此重要时，他告诉我：“把战争看得微不足道，就更容易发动下一场战争。如果战场看起来不仅是一个你获取荣耀和展示勇敢的地方，也是一个欢乐无穷的地方，那你就已经完全失去参战前应该三思而后行的理性了。”

如果我来尝试解读这位多次获得艾美奖的杰出演员的话，他实际想表达的是，他想激发人们的共情，而共情在改变人心方面起着关键作用。《陆军野战医院》确实是基于朝鲜战争中服役医生、护士和士兵的活动而创作的。艾尔达知道，对他们的生活经历轻描淡写，会对剧中人物的灵魂和观众造成伤害。除了诙谐的创作和出色的表演，这部战争情景喜剧之所以如此强大和受人喜爱，其中一个最大的原因就是观众能够把剧情与自己所处的情景联系起来，想象自己就是剧中穿着政府发的战靴的勇敢的人。

艾尔达继续说道：“观看一件艺术品或是一场动人的表演，就像点击能改变你对世界看法的刷新按钮。我认为戏剧艺术和小说中有丰富的人物和真实的情感世界，这能让我在接下来的一天中觉得新鲜，甚至第二天我仍会感觉良好。因为我们身边的人一直都在处理强烈的情绪，我们彼此都很人性化，就像人们在戏院里一起哭或者一起笑一样，这是一种非同寻常的经历。”

所以，让我们来谈谈艺术及它是如何帮助我们理解、感受和表达共情，并调整我们对世界的看法的。当我谈到艺术时，我所指的不仅仅是意大利电影、德国歌剧和博物馆里的法国油画。艺术家和艺术消费者来自各行各业和社会的各个阶层。以今天的标准来看，莎士比亚的思想似乎很高尚，但请记住，他最初是为大众而写作的。艺术的定义和意义因人而异。我们有些人喜爱雕塑、戏剧和爵士乐，但其他人可能喜欢现代舞或涂鸦艺术以及漫画书。当艺术达到鼎盛时，无论它来自何方或观众是谁，没有什么比它更有力量来推动社会朝着更具共情的方向发展。

## 共情与艺术的科学

共情与艺术有着共同的悠久历史。事实上，正是 19 世纪晚期美学家罗伯特·费肖尔（Robert Vischer）首先用德语单词“Einfühlung”来描述观察者如何将自我感受投射到艺术作品上，从而能够欣赏和体验到美感体验所激发的美好和情感。

美学哲学家西奥多·利普斯（Theodore Lipps）将这个概念扩展到人际理解，并使用了类似于同情概念的旧术语。德国哲学家、心理学家和社会学家威廉·迪尔泰（Wilhelm Dilthey）后来扩大了这个词的使用范围，用以描述一个人了解另一个人的思考和感受的过程。如今我们已经将其定义为心理理论。英美哲学家爱德华·铁钦纳（Edward Titchener）最终将德语原文翻译为英语术语“共情”。他这样做的目的是揭示人类自省及进入他人情感状态的能力，这种能力超越了“同情”，即为别人的遭遇而感到难过。共情这个词的前缀“em”指的是“进入”别人的遭遇，理解别人的想法，感受别人的痛苦，就像观察者感受自己的痛苦一样，从而与别人有相同的感受。

谈到艺术，我们又回到了共情的起源——Einfühlung，因为它与观众在情感上受到影响和触动有关。我们常常通过艺术唤起情感的程度来评价艺术水平的高低。这些不一定是艺术家所感受到的情感，而是通过某种技艺或环境嵌入了作品，引发了我们内心深处的情感。与我们在日常生活中看到的共情（我看到有人受伤并感受到他的痛苦）不同，艺术家在创作情感时有一个过程。除非捕捉到比如一个孩子被从他在叙利亚的家中废墟里抬出来，或是卡尔・雅泽姆斯基（Carl Yastrzemski）想用一个本垒打来保持平局的标志性照片，通常只有艺术家知道他想要表达并传达给观众的情感。有时我们会感受到那种情绪，有时我们会感受到一股相似或者完全不同的情绪。

常常会有另一个层面，使得共情信息更加复杂。就戏剧而言，剧作家、导演、演员、观众甚至戏剧评论家等多人联合在一起，但每个人对艺术作品的看法各不相同，这可能会改变共情的信息。在图像中，唤起情感的可能是门口的一个影子，也可能是图像主体的神态。对于一首歌来说，一句歌词或歌手声音中的悲怆都暗含深情。在戏剧中，它则是一个可以被有技巧地改编、重写、排练和表演的短语。然而，没有观众的感性和情感的介入，艺术是不完整的。正如 20 世纪末维也纳艺术史学院（Vienna School of Art History）的阿洛伊斯·李格尔（Alois Riegl）所指出的那样，观看画作的人用个人的语言解释他在画布上看到的东西，从而与画家一起为画作增添意义。他称这种现象为“仁者见仁，智者见智”。

艺术之所以与我们的共情能力如此紧密地联系在一起，是因为它类似于人与人之间的互动，是一种感知和反应的练习。在所有形式的艺术中，旁观者将他的自身经历与他在艺术交流中的所见所闻融为一体。例如观看视觉图像，如绘画作品，依赖于与艺术作品的目光接触，这本身就足以引起共情反应。当观看者睁开眼睛去看画布上的东西时，他会打开一扇通往被描绘的人和艺术家内心世界的窗户。从神经学角度讲，这与大脑通过目光接触加工人脸的方式非常相似。

艺术将人们聚集在公共和私人领域，分享人类的故事和经历。我记得我站在日本镰仓的大佛面前的那一刻改变了我的生活。这座雕塑建于1252年，这里曾经矗立着一座圣殿，高出日本海平面12米左右。大佛脸上散发出的平静和安宁，如海浪的力量却像羽毛一样柔和地让我停住了脚步。这种平和的感觉似乎影响着广场上的每一个人。当我第一次看毕加索的《格尔尼卡》（*Guernica*）时，我也有相似但相反的体验。毕加索通过笔触、形状和中性色彩的阴影，在政治上谴责了西班牙内战期间纳粹轰炸巴斯克城镇格尔尼卡，描绘战争的悲剧及其造成的痛苦。它在我心中激起了太多的不安和同情，这也是我成为医生的部分原因。

你有过类似的经历吗？如果有，你对艺术的反应从神经学的角度来说是非常人性化的。这种反应可以追溯到洞穴绘画以及我们物种的起源。作为人类，我们有强烈的欲望来表达或以某种形式回应艺术。没有这种表达的生活，就像在监狱里服刑的人一样，是一种贫瘠和麻木的存在。艺术是一个伟大的统一体，它把我们从非常自我中心的视角带到一个以更广泛的方式来体验和感知世界的层面。

我有幸与哥伦比亚大学的神经科学家埃里克·坎德尔（Eric Kandel）交谈。他因发现神经系统信号传导机制而获得了 2000 年诺贝尔生理学或医学奖。他在他的著作《思想的年代》（*The Age of Insight*）中提出："我们对艺术的反应源于一种无法抑制的冲动，即在我们自己的大脑中重新创作艺术作品的过程，包括认知、情感和共情过程。艺术家和旁观者的这种创作欲望大致可以解释尽管艺术不是生存的物质必需品，但世界各地每个年龄段的每一个群体都创造了图画。"

"艺术是艺术家和旁观者通过彼此交流，分享人类大脑特有的创作过程——一个导致顿悟（Aha！ moment）的过程，是一种内在的愉悦和有益的尝试。我们一瞬间突然看到另一个人的思想，这让我们看到了隐藏在艺术家所描绘的美丽和丑陋背后的真相。"

在我最近与坎德尔的交谈中，我发现他对艺术与艺术观者之间互动的看法非常有趣。

"作为一个科学家，我对学习采取了一种还原论的视角。我发现从分子生物学的角度来说，学习行为是通过调节神经递质释放来实现的。从还原论者的角度学到的东西给我留下了深刻的印象。在抽象表现主义者马克·罗斯科（Mark Rothko）的作品中，他画的生动明亮的彩色条纹之所以如此强大，是因为起初它们看起来像一种颜色，直到你看到每条条纹都叠加在一系列其他颜色上。一条条纹是由许多其他条纹组成的，并且你的感知会时时改变。你看到的越多，你知道的就越多。”他说。

在艺术的模糊性中，旁观者产生了自己的体验。通过大脑因我们所看到的艺术而产生的相应变化，我们看到这个世界的更多层面，发现世界更加微妙，万物更加紧密地相连。对于我们这个分裂的世界来说，艺术也许是最强有力的纽带。这是共情的本质。

## 艺术如何促进共情

创作艺术是一种分享的行为。它的定义就是邀请观众参与艺术家的体验并得出自己的结论。这种共同的体验将大脑从默认模式——一种令人惊讶的活跃状态，转换到一种不那么自我关注、更好奇的精神状态。这种共同的体验激活了较少参与任务执行，但负责产生想象力和创造力的大脑右半球，使我们的大脑能够处理艺术家试图唤起的任何东西或我们投射到艺术品上的任何经历。

艺术在创造者和观赏者之间架起了一座桥梁，就形成了与快乐、恐惧、痛苦或任何我们普遍共有的情感的联系。一件感人的艺术作品能让你在有所想之前先有所感受。它用一个手势、一个表情、一个动作、一种颜色或者一个词来吸引你。例如凡高的《星夜》(*Starry Night*)，评论家们说，这位艺术家在绘画、纹理和色彩上的旋涡唤起了他克服精神疾病的强烈愿望。村庄被涂上了深色，但明亮的窗户营造出一种舒适感。即便你没读过艺术史方面的书，你也可能有如此感受。

想象是建立共情的第一步，如果我无法想象成为你，我如何培养对你的共情？艺术提供了想象得以生根发芽和蓬勃发展的土壤。艺术的力量在于它能够同时激发认知（思考）和情绪（感受）共情。当我们观察一件艺术作品时，我们会把我们所有的记忆、观点和经历带到它身上，并将它们投射到我们所看到或读到的东西上。通过艺术家的技艺和我们个人经验的相互作用，我们刺激大脑的情感中心。我们被感动的程度能反映艺术家扩展我们感官的能力。艺术把我们带到了自我之外，提供了一个不同的视角。在某些情况下，艺术会让我们从自己的情绪或精神状态中解脱出来。在其他情况下，它帮助我们暂时感知别人的痛苦、悲伤、喜悦、惊讶或愤怒。

我在担任密歇根州的因特洛肯音乐夏令营（Interlochen Music Camp）的顾问时遇见了黛安·保卢斯（Diane Paulus）。她那时10岁，她充满活力的内心给我留下了不可磨灭的印象，也激发了她周围每个人的开放性和创造力。现在她是哈佛大学美国话剧院（American Repertory Theater）的艺术总监，也是托尼奖（Tony Award）的得主。她对真正具有变革性的艺术作品是如何总能顾及观众的视角并将其转化为共情提供了一个精彩的解释。

“我们希望交流、激发和改变什么？”她问道，“我非常相信观众渴望深刻的学习体验。这驱使我成为一名艺术家。我们在美国话剧院的任务是扩展戏剧的边界。人类需要仪式，在时间和空间中成群结队地行进；人类需要消遣，从日常生活中脱离出来去别的地方来一场旅行；人类需要格局，在更大的事物面前看到自己。”

保卢斯接着说，这种理念是从心灵到头脑的转变。

“对于观众，我们在尝试提高他们共情的可能性，因为作为一名观众，他们不能那么快地说‘那不是我’‘我不喜欢这样’‘我对此毫无概念，我要走了’。这与我们所提供的信息无关，我们掌握的本就多过我们可能用到的，并且过一段时间我们就麻木了。真正重要的是激发他们对他人故事的关怀。我认为这是一种基于类固醇激素及过往经历所产生的共情。”正是因为艺术在社会中的这种重要作用，支持美国全国艺术基金会（the National Endowment for the Arts）才如此的重要。艺术使我们从自己的体验延伸到同胞身上。

艾尔达也有类似的解释，他认为艺术是一种共通的人性。“没有什么比共享痛苦更能激发共情了，”他说，“对我来说，演员和观众之间的交流的本质，就是两个人在试图交流时所发生的事，我相信就是如此。”

我们发现艺术在一些意想不到的地方被用作有效的共情桥梁。我的朋友纽约艺术家梅丽莎·克拉夫特（Melissa Kraft）回忆，哥伦比亚大学的医学生被要求在医学院参加一个视觉艺术研讨会，不是为了了解艺术本身，而是为了研究被描绘者的脸和身体，想象被描绘者的故事、问题和生活。当然，其理念是为了激发学生们的共情。尽管这是一门必修的研讨课，但内容与未来医生的执业需求息息相关，因此很受欢迎。将艺术融入医学教育的实践已成为哈佛医学院和全国许多其他医学院的重要事项。

2011年，哈佛医学院的几位教职员工成立了艺术与人文项目来赞助文化活动。有许多医学生和医生投入写作、演奏和其他课外艺术活动，他们认为这些活动将使他们医疗生涯大大受益。苏珊娜·科文（Suzanne Koven）是艺术与人文项目的创始成员，也是马萨诸塞州总医院的住院医生兼作家，她解释道：“用心看一幅画或仔细阅读一首诗，可以提高我们观察、解释和交流的能力，并提高我们的共情能力，所有这些都将使我们成为更好的临床医生。就我个人而言，我在大学英语专业读小说的所获比学习生物化学和物理的所获对我成为一名临床医生的帮助更大。”融入艺术可能是让几乎所有行业变得人性化的一种方式，也可能是提高共情的一个途径。

归根结底，艺术可以将共情的思想从情感转移到认知。当艺术唤起足够强烈的情感时，我们想分享这种体验，常常是以鼓舞人心的言行的形式。真正有趣的是，艺术是一种分享的体验。当我们去博物馆、剧院或音乐会时，我们经常结伴去谈论我们所看到的、听到的和感受到的。有时我们只是默默地站在一起，让共同的情感像电一样在空气中噼啪作响。你独自开车去上班时听到的一首歌，或是在网上冲浪时看到的一张照片，都是一种文化上的分享体验，这种体验可以引发地方、全国甚至全球的对话。

## 艺术激发共情的证据

科学研究已经开始证明艺术与共情之间的联系，尽管目前研究还较少。例如，2013 年，纽约新学院（The New School）的研究人员检验了阅读文学小说能否培养出理解他人的想法和感受的能力。在一系列的 5 项开创性研究中，研究人员安排了完全不阅读组和阅读不同类型摘录资料的小组，包括流行小说阅读组、非小说阅读组和文学小说阅读组。在被试者完成阅读后，研究人员测试了被试者推断他人想法和情绪的能力。在“眼神读心术”（reading the mind in the eyes）的测试中，被试者被要求从四个情绪词中选出最贴近照片中人物的情绪的词语。其中，那些在文学小说组中深度阅读的人，在推断别人情绪时得分更高。正如我在前面章节中所解释的，这种能力被称为“心理理论”。

研究人员发现，阅读文学小说比阅读通俗小说的小组在心理测试中的得分更高。他们解释这是因为文学人物的丰富性和深度教会读者预测并解释人物的动机及心理状态，而动作类和冒险类故事在这方面对读者的作用要小得多。那些读过丹妮尔·斯蒂尔（Danielle Steel）的《母亲的罪过》（*The Sins of The Mother*）之类的通俗小说的人，和那些完全不阅读的人相比，其测试分数没有明显的提高。然而那些读过路易丝·厄德里克（Louise Erdrich）的《圆屋》（*The Round House*）的人（此书讲述了一个美国土著男孩在他母亲遭到残酷的种族袭击后长大成人的故事），测试分数明显提高了。这并不是说文学小说一定比所有其他类型的作品都好，而是指出故事的叙述方式会对我们如何看待人物之间的社会互动产生影响。文学小说以其微妙的方式告诉你，并不是每个人都像你那样思考。

这些研究的结果与我自己的教学观察相吻合。正如这些研究所显示的，通俗小说往往更注重动作和刺激，而不是复杂的情感旅程。通俗小说中人物的情感往往用粗线条描绘，在很大程度上是可以预测的。这往往会导致读者对人们在某些情况下的反应产生确认偏误（confirmation bias）。相比之下，文学小说更深入到人物的思想和他们之间复杂的关系。当在医学生课程中使用威廉·卡洛斯·威廉姆斯（William Carlos Williams）、亚伯拉罕·韦尔盖塞（Abraham Verghese）、佩里·克拉斯（Perri Klass）或拉斐尔·坎波（Rafael Campo）所写的文学或诗歌作品作为材料时，我们会了解文学作品中人物的内心对话，并促使学生思考人物的意图和动机，让学生们直面偏见，并经常从外群体的角度颠覆内群体的固有观点。

纽约新学院的实验似乎表明，这种心理上的启迪可以延续到现实世界的思维中。纽约州立大学布法罗分校的相关研究扩展了这一观点，证明阅读“哈利·波特”系列的人更容易自我认同为魔法师，而读过“暮光之城”系列的人更可能自我认同为吸血鬼。据我所知，魔法师和吸血鬼并不真的存在。然而研究人员发现，读者们会暂停怀疑，思索自己属于这些虚构团体中的哪一个（对其他人来说的外群体），这样可能会从中获得与现实生活中的内群体建立的类似的情感纽带。它们提供了社会联系的机会以及成为更大群体一部分的满足感。事实上，大脑扫描研究显示，我们用来理解叙事故事的大脑部位与大脑执行心理理论时所使用的部位重叠，这个部位是认知共情的基础之一。

正如我前面提到的，关于艺术如何激发情感和建立共情的实证研究仍处于早期阶段。坎德尔在哥伦比亚大学开展自己的艺术和共情实验，他和他的团队正在研究人对具象艺术、过渡艺术和抽象艺术的反应。在具象艺术中，我们看到人、地方和事物的真实写照，如一张脸看起来像一张脸。抽象艺术使用形状、颜色和纹理来唤起一种表象，让人的思维中出现一张脸，但这需要想象力，如毕加索和布拉克（Braque）的立体派肖像画。过渡艺术介于两者之间。例如，想想印象派绘画中轻薄而柔和的形状，与实物并不完全相像，但你可以看到图像。

坎德尔在他的书中指出，我们的大脑在阅读面部细节上激活的神经元比关注其他任何物体都要多。心理学家保罗·埃克曼为我的研究小组在马萨诸塞州总医院进行的共情训练研究提供了面部表情图像。我们假设因为准确地阅读面部表情对我们的共情能力至关重要，所以我们需要在共情训练课程中增加面部表情检测训练。我们的研究表明，接受过面部表情检测训练的医生（不考虑我们课程中的其他干预措施）比那些没有接受过共情训练干预的医生的共情得分更高。我们的研究证实了准确检测面部表情对激发关怀者的共情心有重要影响。

坎德尔对 20 世纪维也纳艺术中的面部表情很着迷，主要是因为微妙的面部表情掩盖了被描绘者更多的心理和情感。坎德尔正在研究人们对这些不同类型意象的不同心理反应。哥伦比亚大学的研究小组希望通过神经影像学的研究，来检验当一个人被一件艺术品感动时大脑会发生什么，以及这与他们在现实生活中的情绪反应之间的关系。我相信这是一个新的领域，我相信这些研究会产生一些令人着迷的结果，并为我们如何将不同类型的艺术纳入个人和团体的共情训练，提供一个更清晰的路线图。

艺术激发共情的另一种方式是虚拟现实（Virtual Reality，VR）。我在法国戛纳创意节上遇到了电影和戏剧演员兼作家简·甘特莱特。我们一起介绍了共情的科学和艺术。简用VR技术制作了影片《以我的立场》(*In My Shoes*)。简曾在骑自行车时被袭击，脑部受了重伤。在奇迹般地康复后，她仍有让她虚弱的后遗症——癫痫。简发现她的感觉与她的神经科医生所认为的“好结果”存在脱节。虽然她几乎没有癫痫发作，但在服用抗癫痫药物后，她的大脑不能像之前那样发挥出创造性。简非常主动地告诉医生她的体验，她撰写并制作了虚拟现实的影片，以让别人能够体验到癫痫发作的感觉。《以我的立场》是一个视听体验的集合。我们在法国时，我戴上了VR眼镜，渴望能亲身体验癫痫发作的感觉。我的感觉是如此真实，以至于在进入虚拟现实体验时，我不得不摘下护目镜，因为我出现了恶心和迷失方向的症状。简成功地将自己的体验传递给了她的医生。现在她的医生、全英国乃至全世界的医学生都分享了她的体验。我们就这样建立了共情。

## 先有鸡还是先有蛋

心理学专家经常问，接触文学和艺术能否让你成为更能共情的人，还是恰恰相反：艺术爱好者只是有更敏感的灵魂，倾向于寻找艺术来体验共情？例如，虽然纽约新学院里的文学共情研究表面上很吸引人，但其他团队未能复制他们的结果，这表明阅读文学作品并不一定能增强共情能力。然而，他们对文学共情研究的结论也得到了一些实证研究的支持，即当被试者阅读文学作品时，参与换位思考和心理理论的大脑网络也会被强烈激活。虽然有可能这种认知共情的提升只存在于研究期间，但同样有可能是文学小说增强了共情的神经基础，从而产生持久的益处。

接触艺术有可能培养你的换位思考能力。同时，我建议那些容易被启动共情的人，可以求助于艺术来帮助他们调整自己天生的能力。一些充当动作表征的微型神经反射器的神经元，以及其他共通的神经回路，似乎表明我们天生就有共情的能力。我相信艺术是激活这些神经元系统并使其兴奋的最佳方法之一。这是否意味着艺术爱好者总是人群中最敏感的？也许不是，尽管他们比大多数人更容易理解别人的经历。

事实上，剑桥大学一些有趣的研究表明，有共情心的人会被某些类型的艺术所吸引。研究者们分析了三千多人的人格特征和艺术风格偏好，发现了一个非常清晰的模式。在人格测试中紧张、急躁和享乐主义得分较高的人似乎更喜欢强烈和前卫类型的艺术，比如朋克和金属音乐、恐怖电影和色情小说。那些在寻求刺激上得分高的人似乎更喜欢动作、冒险和科幻的艺术风格。那些更具理性特征的人更喜欢与时事、非小说和教育相关的艺术。表现出高度共情心的人表现出两种人格特征对应的娱乐偏好：群体性和审美性。群体性人格特征关注的是人与人之间的关系，偏好脱口秀、戏剧、爱情和流行音乐。审美人格特征注重文化和智力，偏爱古典音乐和艺术、历史和带有字幕的电影。

有趣的是，这么多不同类型的娱乐偏好都吸引着有共情心的人。我认为这说明了共情的双重性。首先，有共情心的人对他人和人际关系有着天然的兴趣。其次，他们对自己之外的经历感兴趣。在同一项研究中剑桥大学的研究人员指出，高度共情的人似乎也反感描写极端暴力或恐怖的娱乐活动。也许他们对他人遭受如此巨大的生理和心理痛苦的容忍度很低。

## 把从艺术中学到的带入现实生活

如今环顾周围的世界，我们看到的共情比我们希望的要少。随着电子邮件和社交媒体的使用越来越广泛，我们已经转向大规模的数字通信交流，这就削弱了 E.M.P.A.T.H.Y. 的七个要素中的非语言暗示。正如我们所见，当你在网络文章底部或社交平台上留下匿名评论时，很容易变得粗鲁无礼。你永远看不到你的言语在现实中所造成的伤害。我们每天都能在屏幕上看到战争和灾难，它们已经变得如此铺天盖地，以至于许多人都感到麻木，对受害者失去了同情。

我相信艺术可以作为这种“疏远”的解药。它帮助我们改变对社会中的外群体的看法，它提供了第一手的经验，帮助我们进一步去理解同为人类同胞的其他个体。通过艺术这种在现代世界中越来越少见的方式来体会他人的思想和感受，我们发现了一些共同点，这些共同点使得我们很难将他人视为不正常或不值得尊重的东西。为什么我们需要艺术？它给我们一种感觉——我们都是以某种方式联系在一起的。世界上许多问题的发生都是因为我们彼此不了解。艺术帮助我们理解彼此，了解得越多，就越能融入对方，世界也就更美好。

许多艺术作品要求我们更加人性化。如电影《辛德勒的名单》，这部电影非常深刻地讲述了犹太人在纳粹德国的故事。还有《杀戮战场》，从一个西方国家很少考虑过的柬埔寨人的角度，讲述了发生在柬埔寨的恐怖事件和灾难。电影、连续剧和书籍，诸如《世纪在哭泣》《平常的心》《达拉斯买家俱乐部》，人性化地看待艾滋病危机，十分真实地展现了男女同性恋群体，他们本是社会中的外群体。

我相信你可以从绘画、雕塑、电视、电影、音乐、戏剧和文学中找到更多的例子，它们触动了你的心灵，以某种你从未想到过的方式丰富了你对他人或文化的理解。最近，我看了一部关于 Backpage 的纪录片，叫《我是无名女》，讲述了性交易儿童的故事。这个“合法”网站的可怕故事告诉我们，由于法律存在漏洞，在美国的某些州利用互联网贩卖儿童进行性交易目前并不构成犯罪。导演玛丽·玛吉欧（Mary Mazzio）是美国屡获殊荣的纪录片制作人和律师，她已经接受了改变这种现状的挑战。由于这部电影，华盛顿的参议员听取了玛丽和这部电影的制片人的汇报。2018 年 4 月，Backpage 网站因被指控卖淫及洗钱而被美国政府关闭。

艺术的力量告诉我们，我们不仅需要全球性和文化性的艺术创作，也需要地方性的努力。如社区艺术项目、监狱艺术项目、高中戏剧甚至邻里书友会等活动，也在基层传播艺术信息。这对我们的世界保持文明、善良和关爱是非常重要的。这是共情的基础。

我也相信，你可以通过其他方式——在剧院外、画布外和书本外学习到艺术。没有比艾伦·艾尔达更好的例子了。

出于对真实与虚构的区别的理解，以及对科学的热爱，艾尔达奉献了自己 12 年的职业生涯，主持纪录片《美国科学前沿》（*Scientific American Frontiers*）。这一系列纪录片介绍了取得惊人发现的科学家们。艾尔达很快意识到科学家们需要掌握一定的沟通技巧，才能将他们的研究工作转换成人们都能理解的语言。他认为为了让普通人掌握科学家的发现，研究人员必须学会有效地分享他们的发现，传达真实和必要的内容。

这个时代最令人烦恼的问题之一是我们对科学的看法变得如此两极分化。我们面临地球温度上升、海平面上升、飓风和洪水毁灭性的袭击以及成千上百万人的死亡，但争论气候问题的双方都缺乏共情。在一方看来这些都是无可争辩的证据，对另一方来说则是一场“骗局”。我们如何理解各方在保护人类方面的观点？

艾尔达与石溪大学新闻学院院长霍华德·施耐德（Howard Schneider）合作，创建了艾伦·艾尔达传播科学中心（Alan Alda Center for Communication Science），这是一个致力于向科学家们传授演员们经常使用的沟通技巧的项目。艾尔达说，他相信两个演员之间的交流，本质上就是任何两个试图交流的人之间应该发生的事情。

“我做科学节目是因为我热爱科学，我想从科学家那里了解更多。在做节目的过程中，我意识到作为一名演员的能力可以帮助科学知识传播出去，这样每个观众都能懂，这是一个很有帮助的事情。意识到这一点后，我发现沟通是可以传授的。人们的沟通能力是可以提高的。”

艾尔达说：“如果我们从另一个群体的角度看问题，可能会有一种背叛我们的群体的感觉。”这就是部落性的本质：共情是非常根深蒂固的，因为我们对和自己相似的人有最大的共情。我们曾是部落的一员，我们一直在保护自己不受他人伤害。“这又回到了标识、符号和单词，它们表示一群人使用的某些东西，并且用它们定义了对自己族群的认同。一些在这个部落平常使用的术语，在其他部落使用可能会被认为是攻击。我们希望科学的传播方式既清晰又生动，但又不至于简单化。”他说。

艾尔达开始寻找一种谈论科学的方法。在这个过程中，他意识到如果要谈论贫困、医疗保障和全球变暖等问题，必须确保不要攻击别人的价值观，或者是他们长期以来根深蒂固的观点。例如若想要帮助佛罗里达州的人们理解应对气候变化的重要性，则要注意气候变化这个词在许多社区是禁忌，实际上被官方禁止使用。

艾尔达解释说，有些地方使用“造成困难的洪水”这个词。“这是一个新名词，但也是事实。”在这次谈话中，艾尔达和科学家们绝没有试图欺骗或贬低任何人。他们意识到必须了解事实，不用管它叫什么。佛罗里达的居民可以轻易地看到他们的海岸比以往任何时候都有更多的洪水，这确实造成了不便。通过这种方式，科学家们能够找到一个起点，一种强调问题紧迫性但不迂腐，也不用坚持全部共识的方法。

这是一个共情的练习，让我们有一种共通心智的体验，即问题是真实的，我们能否同意用不同的名字来称呼它，以提出一个解决方案。在我与艾尔达的谈话中，很明显，他最优先考虑的是将问题以一种有意义的方式传达给听众，避免陷入让人产生分歧的陷阱，让他们在共同关心的问题上达成一致。像艾伦·艾尔达和黛安·保卢斯这样的艺术家遵循着他们的使命感，寻找新颖而富有创意的方式来打动人们，创造共同的经历，带给我们新的视角和可能性，并挖掘出让我们的体验变得人性化和可共享的本质。

## 共情七要素与艺术

艺术打开了大脑的右半球，它负责想象力和创造力。对艺术的体验使我们从自我专注转移到另一种体验，不管是艺术家试图唤起的，还是我们投射到艺术作品上的体验。共情的七要素对于我们加工艺术以及将它唤起的情感带到我们生活中是不可或缺的。我们有必要概述一下它们是如何提升我们共情反应能力的。

正如我所提到的，艺术欣赏是一种与艺术家的意象进行眼神交流的形式。多亏了进化，大多数人都有解读眼睛所传递的信息的本领。无论我们是否意识到，艺术都可以提醒我们这一点。眼睛可以告诉你关于一个角色的很多信息，不亚于服装、妆容、动作甚至是话语。把约翰尼·德普（Johnny Depp）想象成剪刀手爱德华，他那圆睁的双眼和悲伤又孤独的目光对你的吸引力，不亚于他那修剪藩篱的剪刀手。或者是鲁妮·玛拉（Rooney Mara）在《龙纹身女孩》中的出色表演，她用冷酷无情的眼神很好地诠释了角色莉丝贝丝·沙兰德（Lisbeth Salander）的坚强。莎士比亚的《哈姆雷特》中将父亲的凝视描述为“一只像火星一样的眼睛，用来威胁和指挥”。

这与我们理解和感知人脸的能力密切相关。我们看得越多，对所表达的情感越好奇，就越能看到这个人的内心世界在经历什么。已故的爱尔兰杰出诗人和哲学家约翰·奥多诺霍（John O’Donohue）把人的脸描述成情感的路线图。奥多诺霍还指出，“人类灵魂最深处的渴望之一就是渴望被人看见”。在我们的谈话中，坎德尔提醒我，相比之下，大脑分配了更多的空间来解读脸部细节。我们的神经回路把我们在艺术作品中所看到的情感反映为我们自己的情感。艾尔达还相信在艺术中观察面孔的重要性，他认为这可能源于他的童年。

“我像人类学家一样看着成年人。其中部分原因是我的母亲是精神分裂症和偏执狂患者。我必须要非常仔细地观察她，才能知道什么是真实的，什么是她所谓的真实。我 4 岁左右的时候，和母亲一起参加一个聚会。她从一扇与人行道齐平的窗户往外看，在那儿站了一会儿，然后转向我。我看到了一个我现在会描述为抑郁的人心烦意乱的表情。我记得我注视着她脸上的表情，想弄清楚到底发生了什么事，她正在想什么。”

正如艾尔达指出的那样，准确地解读面部表情会影响到别人对你的态度，以及你应该如何回应。一些治疗师利用电影、电视和艺术来教有面部表情识别困难的人，比如自闭症患者。实际上，这对任何人来说都是很有价值的练习。

姿势这一共情要素，则通常被用于让观众感受到与艺术主体的共情联系。其中最著名的例子是奥古斯特·罗丹（Auguste Rodin）的《思想者》（*The Thinker*）。他就是一个坐着并且沉浸在思考中的铜人，一动也不动。每当我看着《思想者》时，我就会陷入沉思。相比之下，当我看到毕加索忧郁时期的著名画作《母亲和孩子》（*Mother and Child*）时，我充满了一种沮丧、痛苦和绝望的感觉。这种情绪来自那位抱着孩子，试图保护孩子避开看不见的危险的母亲。你能回忆起一件艺术作品带给你的感觉吗？想想著名电影中的人物、绘画中的肢体语言，或者小说中角色的姿势是怎样被用文字描述的。就像在生活中一样，姿势提供了一个人内心生活的线索。注意到这一点可以激起人们对他的关怀与好奇之心。

命名我们从艺术作品中感受到的情感，使我们从情感共情转移到认知共情。神经科学中有句谚语“如果你能命名它，你就可以驯服它”。艺术的全部目的是在情感上感动人们。当你看一幅画、听一首歌、读一本书或者看一个电视节目时，你可能会变得泪眼朦胧。在体验艺术的同时，你可以通过注意、识别和命名你的感受，将这些感受带入生活。这有助于你从情感转向认知，提升你感受他人和表达共情的能力。

艾尔达风趣幽默、思维敏捷，他温柔的语调让鹰眼皮尔斯（Hawkeyc）[㊀]成为一个广受欢迎的人物。想想心理惊悚片《沉默的羔羊》中汉尼拔·莱克特那令人毛骨悚然的语气时，你就能体会到语调的强大效果。汉尼拔的声音与乔妮·米切尔（Joni Mitchell）、詹姆斯·泰勒（James Taylor）、鲍勃·迪伦（Bob Dylan）、绿日乐队（Green Day）的主唱和阿黛尔（Adele）的悠扬嗓音形成对比。换一种完全不同的风格，想想巴赫大合唱、格里高利圣歌、唱赞歌或伊玛目之声的效果。平静的理解、接受别人脆弱的故事，以及庆祝另一个人的胜利时的语气，都显示出了慷慨的倾听。将自己的语气与他人的语气相匹配是一种强有力的共情方式。

艾尔达给我讲了一个他参演的戏剧《量子电动力学》（*QED*）中关于核物理学家理查德·费曼（Richard Feynman）

---

㊀ 艾尔达在电视剧《陆军野战医院》中饰演的角色，外科军医鹰眼皮尔斯上尉。——译者注

的故事，他在该剧中扮演费曼。“我记得有一场戏，费曼坐在时代广场上，想如果原子弹击中这里，破坏会有多么严重。在这场戏拍摄时，拍摄地加利福尼亚州一片寂静，但当时的纽约市则是彻底的寂静，甚至是无声。因为那是‘9・11’事件后的第四个星期。后来，我们都说我们听到了无声。导演说没有人在呼吸。他们不仅停止了坐立不安，还停止了呼吸。得到这样的集体回应会影响到房间里的每个人。有时候，在无声中的协作远比笑声或掌声更有说服力。”

这是一个艺术教会我们如何真正地倾听的深刻例子。全场观众都感受到了同样的情绪并保持住了。对我们大多数人来说，真诚倾听是一项不太擅长的技能。像这样的体验，电影和戏剧可以做得很好，提醒我们倾听别人真正在说什么，留意无声是多么重要。有时候最重要的沟通是什么也不说。

最后，你如何回应一件艺术作品？每一个观看艺术作品的人都会带着自己的世界观和经验。同时，所有的艺术家都有自己独特的见解。我认为伟大艺术的力量似乎在于，通过在个体和更广阔的世界之间架起一座桥梁，让艺术家和观赏者共享一个视野。在某种程度上，回应艺术作品是一种时间旅行，把你从时间和空间上转移到别人的观点或视角。艺术家和他们的观赏者之间有一种合作，将雕塑、绘画、音乐、文字和表演艺术转化为一种由彼此塑造的情感体验。你的身体中哪里被打动了？是如何被打动的？艺术对你有什么启发？你可以更好地觉察自己对艺术的情感和切身体验。一旦你注意到你的身体对艺术的反应，你可能会在此后几天、几个月甚至几年的时间里，都能记起这种感觉。请尝试着和那些可能需要一个故事来振奋情绪的人分享这种感觉。你可能是艺术可以发挥的巨大涟漪效应的一部分。

这便是艺术增强我们共情能力的源动力。我们的反应是仔细思考我们如何被一个故事或一段音乐所感动，以转入另一种情绪或改变我们的观点。它可以使我们振奋，让我们从单纯的日常活动转变为欣赏生活的质地、神韵、形态和色彩，帮助我们发掘创造力和快乐。当一件艺术作品对我们真正有意义时，我们不仅仅是被一种不同的情感所感动，我们还可以去考虑不同的视角或行动，并且产生一种共通的情感体验，这种情感体验将我们的人性与那些与我们既相似又不相似的人连成一体。

第10章

# 共情领导力

2015年，当巴黎巴塔克兰夜总会和巴黎周边其他地方发生恐怖袭击时，阿克塞尔·巴格特（Axelle Bagot）正生活在波士顿。作为一名在哈佛大学肯尼迪政府学院留学的法国学生，当她听到129名同胞在袭击中丧生的消息时，她感到非常震惊。那天晚上，她去了学生和其他波士顿人的传统聚会场所——波士顿公园（Boston Common），希望能从法国政府官员那里听到一些声明和安抚民众的话。法国政府官员沉默片刻后，没有说任何安慰的话便离开了，巴格特当时惊呆了。"那时候我们上千人站在一起，看着那名官员，他没有表达出此刻的严肃，他没有认识到我们的痛苦，他甚至不知道怎么做，试都没试。"她回忆说，"在这些恐怖的时刻，我认为领导人必须要说出群众期望听到的话，帮助人们平复情绪。他本可以念出 129 位死者的名字、一首意味深长的诗或一句名言，但他什么也没说。”

“他离开舞台后，正当我们深感被遗弃和失望时，在我左边的一个男人开始唱起法国的国歌——《马赛曲》，是这首歌把人们团结在一起，并赋予了我们力量。有时当领导人没有发言时，音乐和艺术把我们团结在了一起。”

当巴格特告诉我她的故事时，我突然想到，她准确地指出了在危机时期，领导者所需要的是识别情绪的能力、共情的能力及理解治愈和重塑信心的力量的能力。当悲剧或困难来临时，一个成功的领导者知道如何团结受苦的人们，让人们满怀希望。即便是在顺境中，一个有能力的领导者也明白领导力无关等级、权威、权力或特权。无论你是指挥一个国家、一支军队还是一个组织，真正的领导力是与整个团队的成功和福祉分不开的。

## 共情领导力的神经基础

领导力关乎情感。当描述一个我们认为是伟大领袖的人时，我们经常使用智慧、天才和专家等词语，然而伟大的领袖对他人的情绪非常敏感，他们也是调节自己情绪的专家。首席执行官和高管们常因其顽强的毅力和果断的行动而受到赞扬，政客们因其强硬的思维方式而受到赞扬，企业家们则因其创新和竞争的天性而受到赞扬，但这些品质只是领导力的一部分。神经生物学似乎使我们更偏爱那些最能表达共情和关怀的领导者。共情和关怀对个体的神经功能、心理健康、生理健康和人际关系都有明显的积极影响。

美国凯斯西储大学威瑟海德管理学院（Weatherhead School of Management）的教授理查德·博亚特兹（Richard Boyatzis）强调："作为一个组织的领导者，缺乏共情将会导致多重灾难，包括与你的员工、客户、供应商和社区失去情感联系。缺乏共情与缺乏道德关怀紧密相关，会导致大脑默认模式网络激活减少，当人在思考他人、回忆过去和规划未来时这一部位会被激活。"真正伟大的领导者既拥有敏锐的情感调适能力，通过共通的神经回路来实现，又拥有敏捷、果断、富有创造力的头脑，以寻找机会并思考如何执行计划，这可能解释了为什么很难找到伟大的领导者。

丹尼尔·戈尔曼描述了共情领导是如何通过创造观念和感受的相互联系，来改变领导者和下属的大脑化学反应的。戈尔曼称之为"社会智力"，在化学层面上，神经递质内啡肽、多巴胺、血清素和催产素能促进社会联系，激励我们开放、合作地信任他人。在神经层面上，共通的大脑回路反映了领导者的想法和情绪，并促使下属模仿这些想法和情绪。

另外两种不太常见的神经元对社会连接很重要：梭形细胞和振荡神经元。梭形细胞最早是由解剖学家康斯坦丁·冯·埃科莫诺（Constantin von Economo）发现的，有时也被称为埃科莫诺细胞。这些超大的神经元就像一条共情高速公路，它们细长的分支延伸到其他神经元，加速了大脑中思想和情感的传递。研究者在前扣带回皮层和脑岛中发现了梭形神经元，但它仅存在于人类、类人猿和其他高度群居的生物，如大象、狗、鲸鱼和海豚中。当人们体验到社会情感，包括共情、爱、信任、内疚和幽默，以及监控自己的情绪时，梭形神经元是活跃的。正如戈尔曼所解释的，梭形细胞对共情领导非常重要。因为它们激活了我们的"社会指导系统"，这有助于我们做出"薄片式"判断（"thin-slice" judgments），短短几秒钟内，在领导者和下属之间建立共鸣。

振荡神经元位于中枢神经系统，控制个人之间以及个人在群体中的一些身体运动。你可以看到长期搭档的滑冰选手能够做到节奏同步，或更日常一点，结婚几十年的夫妻也是如此。影像学研究表明，两个演奏和谐的音乐家的右脑半球比他们各自大脑的左右两侧协调得更紧密。东北大学（Northeaster University）的大卫·德斯特诺（David DeSteno）的一项有趣的研究也表明：被试者们仅仅简单地同步敲击手指，就会体验到对彼此更大的信任和共情。在领导力方面，振荡神经元在群体之间以及领导者和下属之间建立了一种真正的生理联系，这可能解释了领导力的感染力本质。大多数员工都非常清楚，工作中的情绪氛围取决于他们领导的情绪。这种情绪在员工一进入房间就通过共情要素（我们在整本书中讨论的）来传递，包括眼神交流、面部表情、姿势、语调、情感及生理反应。领导者的情绪像病毒一样在整个组织中传播。即使是毫无防备的旁观者也会受到情绪感染的影响。

这种高度专业化的神经回路，连同大脑和身体内的其他相关系统，创造了一种社会化的、共通的心理智力。从所有这些化学和生物学变化中产生了一种强烈的既深思熟虑又富于感性的共情，这使得一个出色的领导者能够深入其追随者的思想。有共情力的领导者与他们的集团、小组和成员建立起情感纽带，培养信任和协作的文化。他们能够理解和满足自己的需求，欣赏和利用他人的才能，在解决问题时认可他人的观点，与他人共同决策。

相反，当领导者完全凭头脑而不用心领导时，他们可能在短期内完成工作，但很少能在长期保持成功，因为他们会在团队和员工中激起恐惧、焦虑和敌意。从生物化学的角度来讲，焦虑、恐惧和压力会导致应激激素（如皮质醇、肾上腺素和其他激素）水平飙升。这些激素除了导致肥胖和心脏病外，还会增加患上焦虑症和抑郁症的风险。不能传达共情力的领导者非但不能高效工作，反而会给追随者带来巨大的心理甚至生理伤害。研究表明，专制的领导人都是在管理上使用“大棒”，没有使用“胡萝卜”，这样降低了生产力，扼杀了创造力，也削弱了组织内的积极性。

在生理层面上，人类通过稳定的内部系统协调和维持体温、血压、心脏和呼吸频率以及其他因素，以实现平衡或内稳态。这就需要在体内自主神经系统两个部分的输入之间保持平衡，就像汽车的油门和刹车踏板一样。交感神经系统充当加速器，提高心跳和呼吸频率，控制血压、流向肌肉的血流、面部表情和声调，而副交感神经系统充当制动器，抑制这些过程。这些机制的控制中心，位于中脑的一个叫作脑桥的区域。

一个精密的生理踏板和刹车系统有助于领导者的领导。如果领导者感到不安、不满、混乱或恐惧，他们不会忽视这些情绪。然而，伟大的领导者即使在危机中也能保持共情的要素，表现出冷静的态度和平稳的语调。飞行员切斯利·萨利·萨伦伯格就是一个标志性的例子，他展示了在飞行过程中遇到鸟击事件时的自我调节。你可能还记得萨利是“哈德逊奇迹”中的英雄。当他驾驶的一架美国航空公司的空客飞机，遭遇到一群加拿大大雁，导致飞机两个引擎丧失动力后，他在哈德逊河上安全降落了这架飞机。萨利机长用平静而沉稳的声音向乘客和机组人员宣布了计划，并将飞机降落在河面上，展现了令人震惊的英雄主义和镇静。

萨利的副交感神经系统显然调节和控制良好，使他能够保持冷静和专注，当空中交通管制指示他左转，将飞机返回跑道时，他只说了一个词“做不到”，他没有大喊大叫、咒骂，也没有情绪失控。他的专注和驾驶技巧赢得了乘客的信任，并拯救了机上所有 155 人的生命。

## 共情、依恋理论和领导力

许多领导者没有意识到员工把自己童年时期的依恋模式投射到老板身上的程度。我们每个人的内心都承载着所经历的每一段时光，并且早期的经历可以在无意识的情况下被触发。就像我们熟悉的俄罗斯套娃一样，尽管最大的“自己”是唯一可见的，但年轻和较小的“自己”生活在我们体内。随着年龄的增长，我们会变得更老，也希望自己能更成熟，但在压力下，那些年轻的“自己”会突破更成熟的“自己”而显露出来。领导者应该明白，当人感到脆弱时，年轻的“自己”可能会浮出水面，导致成年人会暂时表现得更像个孩子，此时的员工会觉得权威人物比实际更具威慑力。这种情感上的小“故障”可以被宽容和公平修复。

儿童很早就与父母的情绪建立了同调，因为他们完全依赖父母。同样，员工们倾向于将他们对早期权威人物的看法投射到他们的老板和领导者身上，并将高度注意老板和领导者的情绪和行为。在潜意识的层面上，员工们往往会表现出自己对领导者的依恋、接受、欣赏和敬畏。一致性、可预测性和共情会在家庭生活中带来安全依恋，并激发温暖和信任的联结激素。当领导者表现出这些同样的特质时，他们的下属也会感受到同样的情绪。

在工作场所，员工将威胁灾难化和夸大的倾向往往源于其幼儿时期无处不在的缺乏控制感和对被遗弃的恐惧。约翰·鲍比（John Bowlby）的依恋理论认为，与至少 1 个照顾者建立强烈的情感和生理联系对个人健康发展至关重要。80% 的受虐待儿童被确认为依恋混乱，这导致其在压力下无法预测的反应。虽然把员工当作孩子对待是不合适的，但要记住当人在缺乏安全感时，对支持和鼓励的需求各不相同，因此应该尽量减少威胁，并使用畏惧和恐吓之外的其他策略来激励团队。尤其是裁员时，组织可以以一种保持尊重的方式进行，并传递出希望他们找到与其才能或技能匹配的更好的职位。

## 共情指数

尽管缺乏强有力的数据，但通常被称为“衡量企业共情的追踪器”的全球共情指数（Global Empathy Index）表明，共情可以提高企业利润。在 2015 年该指数的调查中，160 家企业中排名前 10 位的企业的人均净收入比排名后 10 位的企业高出 50%。该指数分析了企业如何对待员工和如何与客户沟通等因素。

我的共情研究团队最近发表了一项“温暖 – 能力权衡”的调查，这项调查挑战了一个长期固有的观点，即感知到的温暖程度和个人能力之间存在着反向的关系。以前的证据表明，好的人往往被认为能力较差。事实上，不共情的领导者很难维持追随者对自己的信心、尊重和信任。相反，人们越来越认识到人际交往能力对于我们认为的个人能力的重要性。

我们最近在马萨诸塞州总医院进行的研究表明，被试者不仅如预期的那样认为表现出非言语共情行为的医生更温暖，而且认为他们能更好地胜任工作。我们以前担心，表现出更人性化的一面会让医生看起来好像懂的东西很少。我们的研究结果表明，个人的人际技能和情绪智力因素对他人对其能力的知觉有影响。如果一个领导者忽视了他下属的情绪，那么他们一起努力实现共同目标时很可能会遇到障碍。这样，领导者在领导谁呢？正如牧师兼励志演说家约翰·麦斯威尔（John Maxwell）所说："如果你走在前面，但没有人跟随，那么你只是去散步而已。"

有共情力的领导者擅长处理人际关系。群体之中的信任关系增强了人们接收和处理信息以及寻找解决方案的能力。这种信任关系是一种强大的社会黏合剂，能够建立纽带，将群体团结在一起，使他们能够更好地沟通和理解彼此的兴趣和观点，也建立了一个个人可以在其中表达希望和担忧的安全环境，这种环境中通常不会有惩罚性和批判式的管理方式。然而，有共情力的领导者不会费尽脑筋去取悦每个人而把自己扭曲成"椒盐卷饼"。我的朋友艾玛有一个她不喜欢但被她形容为了不起的领导者。"我看到了他的愿景，我知道我得到了他的全力支持。我不一定想和他一起吃午饭，但我会跟着他一起赴汤蹈火。"共情本质上让领导者能够读懂员工的情绪和想法，从而获得员工的观点，以便以更大的视野找到前进的最佳途径。因为共情是有感染力的，它有助于更好地谈判、合作和解决冲突。领导岗位也需要界限明确，更好地理解他人将有助于领导者开阔视野，看到人性的一面，但这并不妨碍领导追究他人的责任。通过保持领导者的角色，即使在困难和危机时期，领导者也将受到尊重和敬仰。

## 美国 2016 年总统大选中共情的缺失与偏离

一些当权者非常了解如何众包情绪。他们懂得如何解读追随者的情绪温度。来自美利坚大学公共事务学院的记者丹尼尔·库恩（Daniel Kuhn）这样描述唐纳德·特朗普大选前集会的气氛：“真的，特朗普的大型集会一部分是摇滚音乐会，一部分是摔跤比赛。集会现场的情绪是带电的。你走进来，人们都很兴奋……”记者接着举例说明特朗普如何吸收人群中的激情气氛，并使用重复的台词，比如“让美国再次伟大”“筑起那堵墙”和“很快我们又要开始说圣诞快乐了”，把激情反馈给他们。在座的人都知道他的每一句台词，并乐于加入其中。

这是领导力的典范吗？是一个共情领导的例子吗？甚至能说这是一个共情的例子吗？这种领导风格是建立在神经学家所说的“情绪感染”的基础上的。情绪感染就是在电影院里，当有人大喊“着火了！”时所发生的。强烈的情绪瞬间被丘脑（一个向杏仁核发送信号的路由器）接收，它向大脑的情绪中枢杏仁核发出信号，以引发面部表情的快速变化，并发送其他信号，使人们的情绪得以同步。从火灾中逃生时，情绪感染是发出警报的必要条件，但它也会被用来煽动人群，造成混乱。这是一个很好的转场，我们接下来讨论共情有时是如何在政治领导中被使用和滥用的。

共情是把我们的人性黏在一起的黏合剂。我们借此知道什么是重要的，以及深切感受到我们的人类同胞。当共情被用于扩大我们对社会的关怀和管理时，它可以作为组织治理的指南。当共情被以胁迫或操纵的手段滥用，或者将一个群体置于其他群体之上时，它可能导致两极分化，群体对立，社会分裂。滥用共情会让人产生错觉，认为领导者的“情绪感染”意味着他真的在乎。

我们的政治领导人掌握着社会治理的钥匙。在这个相互联系的世界上，领导人的决定和行动不仅影响到自己的国家，还会在全球产生连锁反应。那些利用自己的权力地位来自我夸耀、扩张个人尊荣和财富的人，以及那些用恐惧和仇恨的策略统治人民的人，会使整个社会退步。目前还不完全清楚的是，是低共情能力的个体会致力于成为领导者，还是权力会降低领导者的共情能力。我怀疑这两个因素在喜欢主导他人的领导者身上都存在。共情另一个国家的人，不管肤色、宗教或信仰，把所有人都看作属于人类的，这反映出的是人类共情的顶峰。人权和公民自由组织以及那些坚持“人人生而平等”的民主价值观的人取得了很大进展，但仍会遇到巨大挫折。

政治领导者对共情的利用或操纵，导致了一些历史上最具破坏性和分裂性的恐怖事件。我们已经见证过很多回，从拿破仑到希特勒，共情可以被恶意使用。我们看到领导者利用共情的阴暗面，知道人们想听到什么，然后就说什么给他们听，即使这些内容伤害了他们。这些领导人召集一部分感到被边缘化的人，并向这些人做出承诺，即使这样做违背了民主的教条和原则。

我们只需要看看 2016 年美国大选后社会两极分化的程度，就可以看出共情是如何被滥用的。在我继续讨论之前，先声明我不是在谴责或纵容任何一个政党的选民。我只是从共情的角度来看待总统选举，以便对共情在领导中的运用提出更深层次的观点，即共情如何被滥用和完全缺失。

让我们从一个被剥夺权利、被遗忘的社会群体是如何让唐纳德·特朗普获得大量支持开始。2016 年大选的胜利之一就是让那些被忽视的成员的名字和面孔清晰可见，他们也是我们社会成员的一部分。具有讽刺意味的是在大选前，特朗普很少关心失业、经济困难和贫穷的白人公民的处境。尽管特朗普发表了反移民和亲美国工人的言论，但有报道显示特朗普经常雇用非法移民来建设他的商业帝国。他“让美国再次伟大”的口号掩盖了一个事实，即他公司出售的许多产品都是在海外生产的。

尽管特朗普以精致的亿万富翁的名声而著称，也有常常对他试图说服并赢得选票的穷人欠薪或赖账的风评，但他能说服许多感到被边缘化和被遗忘的人，说他能感受到他们的痛苦。这可能是通过“接入”极度愤怒和痛苦的人的情感神经回路，镜像回应他们当下的体验而实现的。当这一回应有效地完成后，人们前额叶皮层的认知过程就被情绪取代了，而这些认知过程本可以使人们能够理性地比较竞选过程中特朗普所说的话和报道中描述的他的实际做法。

特朗普提出“美国优先”的口号看似贴切，但缺乏真正的共情。他灌输了这样一种观念：这几十年来甚至在他宣布参选之前，虽然美国失业率最低，经济稳定程度最高，但是美国不再伟大。在竞选过程中，他认识到了一个特殊的阶层——中等收入和低收入的白人，他们的声音没有被当权派政治家听到，他们被债务所压垮，美国梦破灭。这种共情的出现吸引了一大群需要听到希望的热情追随者。之所以这些追随者对特朗普欺骗工人、羞辱选美冠军、骚扰女性的做法视而不见，是因为特朗普对他们的困境表现出的伪共情，也正是他们非常渴望听到的。

特朗普把他为失业者提供就业机会的信息与其他不尊重、妖魔化、丑化其他社会成员以及公然挑战民主的信息联系在一起。与团结那些有着相似愿望，并且想通过努力工作过上更美好生活的贫困者做法不同的是，他的言论反而践踏了移民、有色人种、妇女、穆斯林和 LGBTQ 社区等其他群体的美国梦。当特朗普假装同情收入较低、被遗忘的白人公民时，他成功地对我们社会中被视为“其他人”和外群体的人释放了尖锐的敌意。事实上，他表现出了与共情完全相反的态度；他对美国社会中大量弱势群体表现出不屑、不尊重和蔑视。

特朗普挑起了对墨西哥人、穆斯林、移民和妇女的公开仇恨和蔑视。这使得候选人希拉里・克林顿竞选中说出了一些最令人震惊的缺乏共情的话，称特朗普的支持者为“一群可悲的人”。通过用精英主义的措辞来评判特朗普的追随者和他正在创造的政治纲领一样“可悲”，希拉里把自己与数百万美国人隔离开来。她不明白的是正是因为政界人士对特朗普的追随者缺乏共情，才有那么多人把特朗普推举到第一的位置。

希拉里的“可悲”论调产生了灾难性的影响。她可能把注意力集中在她认为的大多数美国人最优先考虑的民主价值观上，但她并没有完全理解人类需求的层次结构。美国心理学家亚伯拉罕・马斯洛（Abraham Maslow）在 1943 年曾很好地阐述过这一点。因此，希拉里无法从这些选民的痛苦中寻找出共通的思想体验，而是假设他们都与她的对手有着相同的价值观，以此来评判他们。

马斯洛提出了一个理论，认为心理健康是以满足人的内在需要为前提的。大多数人首先关注的是生存需求，如食物、住所和安全；然后才向更深层次和具有哲学意义的方面发展，如种族和性别平等、言论自由和民主。需求层次中最低的是生理需求，随后依次是安全、爱和归属感、尊重以及最高的自我实现。有一个来自透明国际（Transparency International）的调查中的鲜活例子，在一次重要的选举前保加利亚人被询问是否愿意用钱出售自己的投票权。超过 10% 的人表示愿意，而且只需要 20 美元。在美国，近 70% 的受访者表示愿意以现金出售选票，并将贫困列为主要的出售原因。调查组在世界各地都进行了类似的调查，并得出了类似的结果。这说明人们是如何优先考虑眼前的需要，而不是未来的需要，以至于他们愿意以相对微不足道的价格出售一项非常珍贵的特权。

希拉里似乎无法理解在美国的“铁锈地带”（美国东北部 – 五大湖附近）、“心脏地带”（美国中西部）和“圣经地带”（美国南部）流行的深深的不安全感和恐惧感。正如马斯洛的需求结构所揭示的那样，大多数人在担心民权、移民困境或环境问题之前，都需要有薪水的保证（也就是他们的生存）。因此，很不幸，希拉里所信奉的受人称赞的美国民主价值观被嘲笑为精英主义。人们之间的共同点消失得如此之快，以至于“可悲者”和“雪花”（snowflakes）之间的鸿沟变得像大峡谷一样又宽又深。

与此同时，特朗普深刻地理解了传统美国工人的想法。他通过自己的假共情来利用他们的恐惧，把他要传达的信息集中为“我们对抗他们”的措辞。通过挖掘原始的、部落式的思维，特朗普吸引来自选民大脑深处的恐惧来增强自己的根基，从而导致了防御、隔阂和孤立。前奥巴马演讲撰稿人莎拉达 · 皮瑞（Sarada Peri）在为《纽约》杂志撰写的一篇文章中很好地总结道：

“……尽管‘我们对抗他们’的论调令美国大部分地区民众感到震惊，却吸引了一小群被特朗普称为‘我们’的人，他们对能否听到特朗普也关心别人不感兴趣。他们想让特朗普只关心他们。”

皮瑞接着指出从华盛顿到林肯，再到西奥多 · 罗斯福，美国历史上大多数最伟大的领导人都采取了与特朗普相反的策略。“他们刻意选择超越我们的基础本能，取而代之的是呼吁我们共同的人性。”她写道。而且，她还指出特朗普不是一个普通的政治家。因此，他至少现在还不会面对正常的共情权衡。他仅仅向自己的铁杆追随者说话，这些追随者相信自己终于被听到了。

通过利用由迅速变化的经济形势和外国人的恐怖袭击所造成的阶级鸿沟，特朗普激发了一个长期以来被忽视的经济困难的社会阶层。他巧妙地将这些担忧与对移民的仇恨、对境外人的怀疑，以及对白人至上主义者和新纳粹团体的宽容结合起来，加之对其支持者心中恐惧的推波助澜，使得对其他弱势群体的共情成为一场零和游戏。这些都不是美国中产阶级的价值观，但凭着假惺惺的共情和虚伪的承诺，特朗普诱使那些不受欢迎的人相信他是一个能够对保障经济安全做出承诺的领导人。我们现在知道，这是以牺牲人道主义为代价的。

因为有这么多人处于困境，特朗普对共情和他对美国的论调的滥用奏效了。但当这些人展望未来时，情况似乎不会有所好转。在2016年的一次民意调查中，15%的选民将“谁关心我”列为候选人的一个非常重要的特质，希拉里在这一特质上领先特朗普23%；但近40%的选民认为“带来变革”是候选人最重要的特质，而在这一项上特朗普以高达68个百分点的优势领先。难道美国人没有被愚弄，不会以为特朗普真的关心他们吗？也许他们只是想要更多的改变，而希拉里·克林顿对这个群体缺乏共情，使得改变成为更重要的优先事项。

美国有线电视新闻网（CNN）前主播弗兰克·赛斯诺（Frank Sesno）认为，相比于希拉里，特朗普更擅长利用社交媒体制造信息泡沫，以更有效地传播自己的信息。弗兰克以擅长提出恰当的问题而闻名，他在《提问的力量》一书中说，特朗普了解人们是如何在网上加入志同道合者的社群的。他指出：“特朗普知道在哪里可以找到他们，也知道如何通过换位思考与他们交谈，利用共情精打细算的一面，而希拉里当时正试图用同一种讯息与整个国家对话。”

有趣的是，人们对于你作为候选人和被选出的领导人表现如何，看法并不总是一致的。作为总统，特朗普迟迟没有做出回应，去谴责白人至上主义者和新纳粹分子的袭击行为，他们袭击了弗吉尼亚州的夏洛茨维尔，造成数百人受伤，并杀死了一名和平示威者。特朗普没有向大多数美国人，包括他的许多支持者就袭击事件做充分说明。起初，他对那些悲惨事件保持沉默。当他最终做出回应时，他的说法是“种族主义是就业问题造成的”。特朗普再次选择模糊偏见与经济安全之间的界限。

同样地，他在与佛罗里达州帕克兰校园枪击案的幸存者交谈时，需要使用共情“提示卡”，这表明他在安慰遭受巨大悲痛的父母和学生时缺乏信心。对于提高能购买致命攻击性武器的人的年龄问题，他的立场也摇摆不定，充分表明了他心里不断权衡应该更重视谁的意见。这是极度缺乏共情。一些人担心，缺乏共情的代价可能是美国宝贵的自由和民主的丧失。此外，特朗普还继续说，那些反对他的人是“输不起的人”，因为希拉里·克林顿在选举中失败了。这种对美国民主党人的错误描述减少并弱化了他否认气候变化、移民零容忍和无视平等权利所引起的恐慌程度，凸显了他对人类社会的不尊重。

我听说有人认为特朗普有能力表达共情，因为无论爱他还是恨他，每个人都承认特朗普与他的血亲和配偶有着极其密切的关系。由于我从来没有调查了解过特朗普，也没有单独和他交谈过，我的猜测是他能从他认为是自我的延伸的人身上感觉到一些东西，而这是他对亲密家庭做出的定义。2017 年 7 月 31 日，《人物》(*People*) 杂志刊登了一系列文章，介绍特朗普如何教导孩子，标题是“特朗普家族的秘密和谎言：唐纳德·特朗普教他的孩子们无论付出什么代价，都要与肮脏做斗争并取得胜利。无情的家庭文化如何塑造了小唐纳德（Don Jr.）、他的兄弟姐妹以及他的总统生涯”。我们能推断这些教导反映了他共情的方式吗？

特朗普对他不认识的人几乎没有共情的能力，包括他的忠诚拥护者，甚至是他的内部政治圈，但他利用这些人的弱点为自己谋利的能力使他最终赢得胜利。作为一个在人们渴望变革之时出现的候选人，特朗普利用遭遇贫穷苦难的白人并创造了忠诚和拥戴。然而在夏洛茨维尔暴动事件这样的情况下，许多美国人希望能有一位有共情力的领导人，把一个分裂的国家团结起来，但美国没有这样的运气。

当然，特朗普并不是唯一一位未能通过共情测试的政治领袖。历史上有很多例子。在美国最近的几任政治领袖中，小布什因其平淡应对卡特里娜飓风的方式而获得对美国人冷漠和漠不关心的名声，这一名声在他余下的总统任期里一直存在。贝拉克·奥巴马也经常因为执法人员因公殉职时没有发表支持性声明被批评。还有我前面谈到的希拉里·克林顿对那些感觉被美国繁荣抛在后面的选民明显缺乏共情。

幸运的是，美国的政治中确实有一些共情的真实例子。有时美国的领导人也会有正确的共情。尽管小布什对卡特里娜飓风的反应不温不火，但大多数美国人都会同意，在华盛顿特区、宾夕法尼亚州和纽约市遭受“9·11”恐怖袭击之后，他代表美国出现了。他去了坠机地点，并直接与美国人民交谈，强调大多数美国穆斯林是忠诚、体面的公民。这是正确的做法，把少数人的不良行为归咎于整个种族又有什么好处呢?

与此类似，参议员约翰·麦凯恩（John McCain）也曾为2008 年大选的对手贝拉克·奥巴马辩护。一位妇女在集会上走到麦凯恩面前对着麦克风说：“我不能相信奥巴马。我读过关于他的报道，他不是美国人，他是阿拉伯人。”麦凯恩立刻摇了摇头。他轻轻地把麦克风从那个女人手里拿开，回答说：“没有，女士。他是一个体面的顾家男人，是一个公民，我们只是碰巧在基本问题上有分歧，这就是这次竞选所争论的。”

麦凯恩进一步为奥巴马辩护：“他是一个正派的人，一个你不必害怕的人。如果我不认为我会成为一个更好的总统，我就不会参选，这就是重点。我钦佩奥巴马参议员和他的成就；我会尊重他。我希望每个人都尊重别人，让我们确保我们每个人都这样做。因为这就是美国政治的运作方式。”

麦凯恩在这里展示了真正令人钦佩的领导力，因为他能够在不妖魔化对方的情况下表达自己的价值观。通过为奥巴马的品格做如此有力的辩护，麦凯恩展示了什么是真正的共情：尊重一个人而不考虑政治分歧，并通过品格来判断一个人，包括诚实、真诚、言行一致以及对人性的尊重。麦凯恩本可以为了政治观点分歧而妖魔化对手，但他却说出了他所知道的关于对方品格的真实观点。

## E.M.P.A.T.H.Y. 在领导力方面的应用

在就共情话题写作的时候，一些作者把注意力集中在人类共情的缺陷上，并通过强调人们倾向于对内群体表现出深切的共情关注，而漠视更广泛的全球苦难，来贬低人类这种特质。这种观点似乎过于缺乏远见。遗传学和表观遗传学对人脑的改变需要很长一段时间才能在人口规模上有所体现。通过认知和情感因素的相互作用，人们逐渐意识到，在当今相互依存的世界中，部落式的解决办法不再有效。大脑需要时间来进化。由于过时的部落式解决方案会导致更多的战争、破坏和灾难，因此世界领导人将需要考虑，只关注特定的国家利益而不考虑其全球影响不再是可行的选择。与其宣传共情是一种被误导的人类能力，不如更有效地关注如何扩展“谁属于人类部落”这一概念。谁来决定谁属于内群体，谁属于外群体？

打破人与人之间阻碍和隔阂的一种方法是在群体内运用E.M.P.A.T.H.Y 共情工具，而不只是在一对一的互动中。肢体语言和其他非语言线索是很好的信息来源，表明了群体的感受。几乎见不到的微笑、懒散的姿势和明显的精神不振，提供了关于与他人缺乏联系这一事实的微妙又无误的线索。有一次我去参加一个超过万人的会议，整个会议中心沉浸在沉闷和冷漠的氛围之中。当我停下来思考这种感觉是从哪里来的时候，我注意到有许多人表情空洞，耷拉着肩膀走过走廊。这次会议是在“9·11”恐怖袭击事件发生几个月后召开的，会议忽视了国家的灾难及其给人们的感受，继续推进既定议程。因此，会议完全失败了。

展现真正的力量和影响力，需要一种双向准确使用共情的方法，借此听众可以告诉领导者如何最好地传递信息。高效领导者理解感知共通情感的能力是共情反应的基础；他们使用视觉和语言线索来解释群体的心理状态。他们需要能够识别人群的情绪，并通过自己的语言和非语言提示相应地调整信息，同时保持正直、诚实和可信。

领导者和追随者之间的目光注视可能产生一种特别强大的力量。在功能磁共振成像研究中，当被试者看到目光转向一边的愤怒的面孔，以及目光直接接触的恐惧的面孔时，他们大脑情感中心的杏仁核会产生强烈的反应。这种反应是正常的，因为威胁激活了防御和对无力感与恐惧的早期记忆。这就是为什么一个领导者的目光触能如此有力。

在团队中使用眼神交流与同成员当面一对一接触一样重要，但二者实施的方式有所不同。那些对着镜头侃侃而谈的人会像注视另一个人的眼睛一样直视镜头，但不会不眨眼地瞪着看，让人觉得不安全又缺乏效率。对于现场观众来说，领导者扫视一下房间并与观众进行短暂的眼神交流是很有用的。即使是对少数人短暂的直视，也会让人产生一种与房间里每个人都有联系的感觉，因为这种眼神交流传达了这样一种观念：领导者不仅看到了团队，还看到了每个人。

你可能还记得，语调传达了 38% 的情感内容。语调往往比我们说的内容更重要，并且可以决定共情沟通。当与大量观众交谈或通过屏幕交流时，这一点不会减弱。理查德·博亚特兹在他关于有效领导力的研究中指出，即使在传达非常坏的消息时，保持冷静语调的领导者也可以保持高效和受人尊重。语调受两种神经系统的控制。一种负责在战斗或逃跑反应中，用高亢或颤抖的声音显露出恐惧和焦虑；另一种负责面对危险时发出不动声色、冷静、理性的声音。最有效的领导者能够在风暴中保持冷静，专注于他们能够控制的事情，并传达他们正在处理局势的信号，而不是感到自己被局势搞得失去方寸。

倾听整个人使领导者能够最大限度地提高员工的参与度和满意度。研究表明，尤其是当公司被迫裁员时，传达共情和关怀有助于提高员工对组织和领导者的忠诚度。即使是那些被解雇的员工，亦是如此。但是，如果裁员是冷酷无情的，公司将很难在未来情况好转时重新获得这些有价值的员工。相同的神经回路似乎有很长时间的记忆。

当你运用你的共情能力时，你不仅要积极倾听，而且要富有关怀和回应地倾听。只要有可能，共情的领导者会像关注他们想要表达的观点那样尽可能地关注共通的思想联结。

即使别人的感受与自己的有直接冲突，他们也不会做出评判。他们承认情绪但不一定允许情绪影响事情的结果。花时间做一个感性的观察者可以培养情绪敏感度。

虽然商界领袖可能认为，重要的是他们最迫切关注的问题，但实际上是员工的参与度和活力决定了商业领袖的成功。有共情力的领导者理解推动人们前进的目标。设身处地为员工着想的领导者关注的是对员工最重要的事情：生活平衡、支持、灵活性、目标以及尊重和包容的文化。工资和薪水的重要性远没有大多数组织所认为的那么高。

态度强硬、直截了当的领导者可能会认为他们是在展示权威。对商界领袖的调查发现，近 40% 的人担心自己太过和善，超过 50% 的人认为自己需要展示权威才能保持领导地位。这种担心在女性身上可能更为突出，她们更倾向于共情关注，但在一些男性同事身上却不常看到这种特质。然而，员工调查却恰恰相反。员工发现，当领导人表现出尊重和礼貌时，领导人会得到更好的尊重。强硬的工作战术似乎会影响表现和信心，而达不到展示力量的效果。在商界中，那些为强硬、冷漠的老板工作的人经常说，强硬的工作战术会削弱他们的动力，让他们对工作的投入减少。如果能在一家他们认为更有共情能力的公司工作，近三分之一的人表示哪怕薪水一样，也会跳槽到该公司。我们还知道，持续的高压力会导致更多的心理和身体健康问题，进而导致更高的缺勤率、严重的工作倦怠和生产力下降。

最后，如果你想成为一个高效的领导者，共情力是非常值得培养的。虽然这看起来像是一种软技能，但共情可以通过有意识的训练来学习，并取得具体的效果。共情领导可以通过团结人心，将不同的因素结合在一起，让世界变得更美好。一个有洞察力的领导者明白，其脑子里的故事不一定和其他人的一样。当一个领导者有效地使用 E.M.P.A.T.H.Y. 共情工具时，其反应会被理解为真诚的共情关注，无论是面对 10 个人、1 万个人，还是 1000 万个人，都变得有吸引力。

# 打开心世界·遇见新自己

华章分社心理学书目

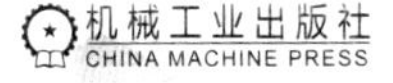

# 终身成长

## 跨越式成长

**思维转换重塑你的工作和生活**

[美] 芭芭拉·奥克利 著
汪幼枫 译

- 芭芭拉·奥克利博士走遍全球进行跨学科研究，提出了重启人生的关键性工具“思维转换”，面对不确定性，无论你的年龄或背景如何，你都可以通过学习为自己带来变化

## 大脑幸福密码

**脑科学新知带给我们平静、自信、满足**

[美] 里克·汉森 著
杨宁 等译

- 里克·汉森博士融合脑神经科学、积极心理学跨界研究表明：你所关注的东西是你大脑的塑造者。你持续让思维驻留于积极的事件和体验，就会塑造积极乐观的大脑

## 牛人心法

**3 步升级你的人生操作系统**

[马来西亚] 维申·拉克雅礼 著
陈能顺 译

- 《生而不凡》后又一力作！打破打工人“唯有苦干，才能成功”的迷思，颠覆思维的底层逻辑，唤醒佛陀之心与牛人之力，成为自己人生的 CEO

## 成为更好的自己

**许燕人格心理学 30 讲**

许燕 著

- 北京师范大学心理学部许燕教授，30 多年“人格心理学”教学和研究经验的总结和提炼。了解自我，理解他人，塑造健康的人格，展示人格的力量，获得最佳成就，创造美好未来

## 延伸阅读

自尊的六大支柱

习惯心理学
如何实现持久的积极改变

学会沟通
全面沟通技能手册（原书第 4 版）

抗逆力养成指南
如何突破逆境，成为更强大的自己

深度转变
让改变真正发生的 7 种语言

深度关系
从建立信任到彼此成就

第11章

# 深入唤醒对更多人的共情

事实上，有时候人必须深入探索自己的内心，才能体验到别人的某些感受。共情是由生物学、教养、社会、个人信念和生活经验共同决定的，因此一个人是秉性温和还是铁石心肠，都有其原因。为什么有时我们几乎不会产生任何共情的感觉，而有些时候又很容易共情呢？这两种情形都很值得我们仔细思考原因。

我们之前已经讨论过，大多数人很难与外群体的人感同身受。相比于一个住在家附近、与我们相像或者与我们的生活方式类似的人经历困难，当我们听到一个住在远方的陌生人同样遭遇麻烦时，我们更难感同身受。我想说的是，冷漠、无知和不熟悉在很大程度上使我们对外群体的反应很淡漠，有一些心存偏见的人和种族主义者却试图以此来作为他们对外群体缺乏共情的理由，并自豪地对任何愿意倾听的人宣扬。

我在本章中所讨论的群体，并不是很多人感到被动冷漠的群体。这些群体是许多人在任何情况下都不会向他们敞开心扉的人。我们贬低他们，却很少停下来考虑这给他们带来的痛苦。他们可能就坐在我们旁边，甚至是与我们有着相同基因的亲人。有时，他们被社会的大多数人抛弃，以至于即使是擦肩而过，我们都不会注意到他们的存在。

## 假如我和你一样疲惫而贫穷

社会神经科学为我们提供了一个窗口，来了解为什么我们大多数人对流浪汉视而不见。要想感受到共情，首先你必须把对方视为同胞，和我们有着相似的思想、感受和情绪。当一个人具有某些令人厌恶的特质时，比如脏乱差或散发着异味，他的人性就会被他人否定，他人继而无法产生善意或帮助他的冲动。用社会科学的术语来说，这就是所谓的非人化。

在电影《命运晚餐》里，两个家庭因他们十几岁的儿子放火烧死一个无家可归的女人后聚到了一起。当时这个女人正在睡觉，挡住了孩子们去自动取款机的道。在她被杀之前，两个少年肆意嘲笑和折磨她，仿佛她是件物品。他们的家人反应不一，一个家庭认为这是谋杀，而另一个家庭则认为这个女人不过是个麻烦，没有权利挡在儿子去自动取款机的路上，以此为这种令人发指的行为辩护。这个家庭为其十几岁儿子的行为辩护的激烈程度令人不寒而栗——而这仅仅是为了捍卫儿子的观点。

科学研究已经发现了使我们对无家可归者和贫困者等“极端外群体”脱敏的神经过程。在实验中，科学家让受试者观看无家可归者的照片，核磁扫描显示，受试者大脑皮层中与厌恶相关的区域被激活。当你喝到变质的牛奶或遇到一窝蟑螂时，这些区域也会被激活。与此同时，大脑前额叶皮层中负责社会信息处理的区域并没有那么活跃。

被有权势的领导以性物化的形式非人化，以及因为弱势在娱乐业以及别的行业被剥削的女性，其数量相当惊人，这表明，将他人非人化的现象无处不在，不仅仅是影响极端外群体。“我也是”（#Me Too）和“黑人的命也是命”（#Black Lives Matter）运动让那些长期被恐惧和贬低压制的群体发出了声音。那些因为性别和种族而被排除在群体之外的人勇敢发声，已经开始粉碎保护着那些把他人当作物品的人的沉默之墙，为共情打开一扇大门，新的道德及法律标准将被制定出来。这些运动有望改变 21 世纪人们被对待的方式。

研究还表明，当人们被过度“外群体化”时，他们会被认为与社会群体严重脱节，以至于他们的遭遇不能唤起他人的任何情感反应。我们不再把他们的贫穷视为丑陋，而是开始把这些人本身视为丑陋。我们下意识地欺骗自己，让自己相信他们不能像我们一样，体验到同样复杂的情感，比如不舒服、悲伤和抑郁。也就是说，认为他们不是人。

不是每个人都对真正需要帮助的人视而不见。现在美国有很多机构为帮助无家可归者而设立。许多有爱心的人在机构中工作，帮助街头流浪者。然而，近年来，对无家可归者的宽容和理解似乎正在消退，即使无家可归者的数量已呈指数级增长。一些专家认为，当无家可归者的问题变得难以应对时，人们开始感到同情疲劳，他们不再在个人层面或者全局层面处理这个问题。在某种程度上，社会已经开始不再将无家可归的悲剧视为一种社会病，而是将其作为一种犯罪行为来对待。在许多城市，法律禁止在公共场所睡觉、游荡和乞讨。如果城市为我们的无家可归者提供足够的庇护所，那是一回事；但在没有提供足够庇护所的情况下，这样的法律移除了共情，剥夺了无家可归者的基本需求，如睡觉、吃饭或上厕所。

尽管有这些相反的迹象，但大多数人还是认为解决无家可归者的危机很重要。公共议程（Public Agenda）组织最近的一项调查发现，超过 70% 的纽约人认为，只要无家可归现象存在，美国就没有完全履行其价值观。近 90% 的人认为帮助无家可归者的税款花得很值，帮助他们的方法之一是提供住房，这种解决方案已经被证明是非常有效的，特别是在西雅图、犹他州和芬兰。其他有益的方法还包括工作培训、戒毒治疗和基本的心理健康服务。马萨诸塞州沃尔瑟姆的社区中心和全美其他地方的社区中心为无家可归者提供住所、咨询和电话，帮助他们聚集在一起，寻找工作，联系雇主并回接电话。这些都是日常公民可以帮助解决无家可归问题的具体方法，这些方法是在街头给予无家可归者现金或一杯咖啡的进一步延伸，从根本上解决问题。这样的项目还能帮助无家可归者得到他们所需要的身体和心理护理。

有趣的是，一些对无家可归者的关切似乎是由那些能够想象自己流落街头的人提出的，在公共议程的调查中，超过35% 的纽约人害怕自己成为无家可归者，30% 的人曾有亲人流落街头。我曾经问过一个无家可归的女人，她是如何变得无家可归的。她告诉我："这是个很长的故事，我从来没有想过这种事会发生在我身上。我的丈夫离开了我，我没有工作，无法支付抵押贷款，我的房子也被收回了。在我意识到这一点之前，我就睡在我的车里，没过多久我就不得不卖掉它来维持生活。"我想很多人都会担心，如果自己人生中一张多米诺骨牌倒下了，那就是自己人生的大转折。

正如我前面所说，当你开始了解一个人的时候，你很难抑制共情。如果在大街上看到什么人或目睹关于难民营的故事，或者知道你所在的社区里有欺凌、暴力或仇恨的受害者，这些事情会让你感到不安，那为什么不索性解决它呢？从每个月在当地的无家可归者收容所或送餐服务处做一次志愿者开始，通过参与其中，你也许能够直接地了解那些急需寻找出路的人。

## 精神病患者

与患有慢性精神病的人保持密切关系是一条曲折而艰难的道路。社会倾向于将精神疾病污名化，并给那些受折磨的人蒙上羞耻和内疚的阴影，这使得问题更加复杂。在我的实践中，家庭成员对待患有精神疾病的亲人的方式往往分为三种。第一种是试图笑着忍受，希望宽容会有助于改善现状。和有精神病的家人相处对每个人来说都很有压力，但这个家庭成员却一次又一次地被勉强邀请参加家庭聚餐，每次大家都希望情况会比上一次好，但大家都知道存在问题却不做任何处理。我们称之为“无情的希望”。第二种是尽可能地甚至是完全切断关系。做出这个决定的家庭可能会将其视为“强硬的爱”。第三种则是否认。面对表现出情绪失调的亲人，家人变得冰冷无力。他们在沉默中备受煎熬，假装没有问题，因为他们不忍心面对亲人无法好转的毁灭性现实。一想到要面对一个愤怒、悲伤、狂躁或其他方面失控的亲属，家庭成员会感到害怕，他们宁愿逃避现实。有些家庭尝试过所有三种方式，但都失败了。

这三种方式中的每一种似乎都是站在“共情”的立场上，但实际上没有一种是共情的解决方案。这些方法都表明了家庭成员对精神疾病的真相一无所知。在这些情况下，唯一不变的是，患有精神疾病的人将不可避免地一次又一次重复同样的行为，直到根本问题最终得到处理。就像癌症、腿骨折或其他任何疾病一样，治疗或治愈精神疾病需要医学和心理学的诊断与治疗。

如果患者的家人都无法应对他们的精神疾病，世界上多半的人会更不理解。还有很多人认为，精神疾病都是心理问题。他们认为，患有精神疾病的人应该停止自怨自艾，只要正常行事就可以了。精神疾病往往与不良的性格、有缺陷的天性或控制欲强的人格联系在一起。尽管越来越多的人意识到，无法控制情绪、愤怒、狂暴或冲动是一种需要治疗的疾病，但在我们的社会中，对心理疾病的污名化仍然是如此根深蒂固，以至于遇到有精神疾病的人往往会让我们感到恐惧和反感。

众多书籍描述了对精神疾病患者的偏见，特别是对那些患有精神分裂症和躁郁症等精神疾病的人。通常情况下，要对许多精神疾病有基本的了解是很有挑战性的，想要得到明确的诊断更是难上加难，因此，有的患者直到晚年才去寻求精神卫生专业人员的诊疗。一个严峻的矛盾是，在用医学标签定义一个人的古怪行为之前，理解他的行为是非常具有挑战性的，但同时标签也会造成更多的羞耻感。很多家庭成员告诉我，一旦收到所爱的人的诊断书，为他们所爱的人的非典型行为提供了一个合理的解释，他们的负担就减轻了很多。这就是为什么对于任何精神病人来说，最有共情力的解决方案就是尽快并尽可能多地帮他们寻求专业的帮助。理解精神疾病患者需要的是帮助，而不是评判，这一点至关重要。

有些精神疾病患者学会了识别自身情绪失调的迹象。他们可以运用自我审视技术来控制自己。然而，不是每个人都有能力按下情绪的暂停键。在很多情况下，他们存在理解社会线索方面的障碍，无法预见后果，一旦情绪被触发就缺乏自我调节的能力。对于一个刚刚对你大吼大叫、贬低你、诋毁你人格的人，你很难跟他共情。然而很有可能"迷失"的人经常迷失，他们真的需要帮助以调节情绪。

我发现，与情绪失调的人谈论寻求帮助最无效的时间，是在当事人情绪爆发的时候。当一个人处于"红色区域"时，不会发生任何有效的事情，那是一种可怕的心理状态，只有情绪，没有理性思考。从神经科学角度，红色区域是大脑的威胁警报系统——杏仁核在短短 50 毫秒内就被激活的结果（"快通路"），而"慢通路"，即大脑的思考、推理、规划部分——前额叶皮层，则需要相对缓慢的 500 毫秒才能启动。神经正常的人永远不会像对孩子、配偶或兄弟姐妹那样对老板大喊大叫，这是因为前额叶皮层会权衡，并在你做出一定会被解雇的行为之前按下暂停键。一个情绪系统失衡的人，可能会无缘无故地给任何人"送"去无妄之灾。这种行为造成了社会障碍，让人们无法共情那些有精神疾病的人。

社会一直在努力理解和关爱精神病患者。与肺结核或肺炎等身体疾病的治疗方法不同，一些精神疾病的治疗方法几个世纪以来一直难以捉摸。在过去，精神疾病一直与恶魔附身和巫术等可怕的现象联系在一起。由于精神疾病的表现是如此可怕和让人难以理解，所以应对它比较容易的途径是回避、疏远、评判和污名化。

在 1963 年的《社区精神卫生法》出台之前，患有严重精神疾病的人被关在州立医院里，不让人看见。当这一系统受到社区精神病学的挑战时，病人被从机构中释放出来，然后不得不自力更生，在稀缺的社区资源中寻找照护。这对那些没有能力理解和照顾精神疾病患者的城市和社区提出了巨大的挑战。

当你读到这里时，你可能也会问自己，难道个人不应该为自己的生活负责吗？当然，但有些人从来没有得到他们所需要的帮助，因为他们使自己和别人相信他们没有问题，或者他们没有资源去寻求帮助。可悲的是，他们可能要花几十年才能有足够的自我关怀，承认自己的生活遇到麻烦，需要帮助。在某些情况下，家庭成员与挣扎的当事人“共谋”，假装一切都好。可悲的是，这种假装的岁月静好，在障碍变得明显以至于没有人能够忽视它之前，我们无法提供帮助。有时，反而是直系亲属以外的朋友和亲戚能够提供帮助和支持，因为家庭直系亲属间的相处模式和诱发因素根深蒂固。

## 物质使用障碍

当谈到成瘾问题时，我们的共情受到了进一步的挑战。7 个美国人中就有 1 个人在其一生中的某个阶段面临物质使用障碍问题。我们从目前席卷全美国的阿片类药物流行危机中了解到，物质使用障碍在美国社会中广泛存在，牵涉数百万人，涵盖不同教育背景、社会阶级、种族、就业状况或社会经济地位的美国人。根据总统打击吸毒成瘾和阿片类药物危机委员会（The President’s Commission on Combatting Drug Addiction and the Opioid Crisis）的统计，每天仅因药物使用过量死亡的就有 175 人。

这么多人遭受折磨是无法想象的，为什么对这些有物质使用障碍的人共情却如此之低？他们是社会上最容易被误解和唾弃的群体之一。用来描述那些有物质使用障碍的人的术语，也是导致他们被污名化的原因之一。诸如“瘾君子”“酒鬼”和“滥用”这样的词，暗示他们主观上故意要使用药物并上瘾，这增加了他们的恶名，减少了别人的关怀。大多数人并不同情那些有物质使用障碍的人，要么是因为人们认为他们做了违法的事情，要么是因为人们相信只要他们真的想停止使用，就可以停止使用。就像那些患有精神疾病的人一样（这两者往往关系密切），物质使用障碍被视为一种弱点，出现在那些缺乏意志力、毅力和道德的人身上。然而目前的研究强烈表明，情况并非如此。

神经科学研究的新发现已经将成瘾从一种性格缺陷重新定义为一种生物学和疾病的模式。我们现在知道，上瘾者的大脑与没有上瘾的人是不同的。当接触阿片类药物、酒精或其他成瘾物质或活动时，大脑奖赏中心一个叫作伏隔核的区域被强烈激活，以至于前额叶皮层被大脑的奖赏中心所凌驾，压倒了理性、决心、意志力和许诺。这就解释了组织心理学家、作家吉拉德·伊根（Gerard Egan）的观察："成瘾者愿意为了一件事放弃一切，而不是为了能拥有一切而放弃这一件事。"患有物质使用障碍的个体会一次又一次地选择摄取明知对他们有害的东西，这在逻辑上是说不通的，除非他们无力放弃从物质中体验到的暂时的缓解或"幸福"。

有趣的是，人们对物质使用障碍者之所以如此缺乏同情，部分原因是物质使用障碍者自己也会缺失共情。他们可能会被自己的成瘾所吞噬，以至于不再考虑其他人的想法和感受，包括他们所爱的人。事实是，他们仍然关心，但他们大脑的共情中心已经被成瘾占据。研究表明，那些有物质使用障碍的人似乎确实表现出病理性的缺乏共情。纽约州立大学布法罗分校等机构的研究发现，近 40% 的酒精使用障碍者患有一种被称为述情障碍的心理综合征，即无法识别自己的感受，而一般人群中的这一比例只有 7%。目前还不清楚个体是从一开始就缺乏共情，还是上瘾造成了共情缺失。我怀疑是后者。毫无疑问，药物使用障碍在神经上损害了大脑的共情中心。当药物或酒精在他们的生活中变得重要时，人们开始投注相当多的感情到改变他们的身体和情感状态以寻求缓解。努力控制因渴求和戒断而出现的症状，本身就是一项极为耗费精力和情感的任务。

然而，这是一个很好的机会，可以帮助我们回顾对受物质使用障碍困扰的人的同情和共情之间的区别。同情是悲哀地承认吸毒者的处境，而共情则是理解这个人的想法和感受。相较于同情，对那些受折磨的人表现出共情要难得多，因为共情需要你真正地去倾听和体会。这并不是说共情就是容许他们上瘾。它只是向每个人（包括有物质使用障碍的人）承认，你理解放弃一些在生理和心理上渴望的东西是多么困难。一句老话说得好：人永远不是问题，问题本身才是问题。

说到这里，我们都听过一个关于一位叔叔的可怕故事，他在美国国庆日烧烤时大发雷霆，因为他的汉堡包烤得太熟了；也听过一位伴娘喝醉了，摔倒了，打翻了婚礼蛋糕的故事。我们可能在知识层面上理解了成瘾的生物学原理，但这样的描述仍然会引起愤怒，我们仍会确信这些人的行为是完全离谱的、不恰当的、自私的、以自我为中心的。让我给你讲讲约翰逊一家的故事，也许我可以说服你。

约翰逊家的独生女莎拉是个好孩子，学业优秀，是校篮球队的队员，很受欢迎，还上了一所名牌大学。她在大一的时候开始酗酒，毕业后酗酒问题更加严重。有一天，莎拉的男友给她的父母打电话，含泪解释了为什么不能再和她保持关系：她对酒精上瘾了。

在咨询了一些专业人士后，约翰逊一家决定参加海瑟顿（Hazelden）的一个家庭项目，该项目是海瑟顿贝蒂·福特基金会（Hazelden Betty Ford Foundation）的一部分，旨在帮助家庭支持他们的亲属重新融入社会生活。该项目的工作方式是，成瘾者家庭的成员被分成小组，不过不是与他们的亲人组队，而是与该项目中其他与药物使用障碍做斗争的人组队。

在约翰逊夫妇的小组会面中，眼泪伴随着痛苦流淌，充满了沮丧和怨恨。与会的家庭成员们对他们给过子女、丈夫和妻子的许多机会都被浪费了，表示不理解和愤怒。他们感到被背叛和失望，因为亲人肆意作践自己的生命。

然后他们开始倾听，由于他们与在场的其他小组成员没有血缘关系，约翰逊夫妇更容易暂缓评判，释放自己的情绪。他们听到与莎拉同龄的简说起她对父母撒谎和滥用他们的信任时感到多么羞愧和难堪。她描述了由于害怕失去所有朋友而停止酗酒时的恐惧。简承认，她在结束了在海瑟顿的治疗后，看不到前进的道路，因为她无法想象没有酒精这个最可靠的伙伴的生活。通过简，约翰逊夫妇能够听到站在女儿立场的故事，而这个故事是女儿不会告诉他们的。

莎拉的父母终于从她的角度理解了上瘾。他们开始理解她面对酒精的强烈化学吸引力的无力感。尽管他们过去做了大量的阅读和研究，但他们一直认为这只是有没有意志力和改变意愿的问题。现在他们明白了酒精等成瘾物对女儿世界观的控制，也明白了她对自己过上正常生活的能力缺乏信心。

约翰逊一家告诉我，他们都被这次经历永远改变了。他们曾经相信只要莎拉足够努力，她可以做得更好。现在，有了这种持久的理解和共情，父母了解到他们对莎拉的物质使用障碍没有责任。他们也不需要对她的康复负责。我特别喜欢听约翰逊一家的经历，因为海瑟顿采用了关键的换位思考的共情练习。通过让家庭成员与一个处境相似的无关人员坐在一起，听他讲故事，家人能够采取更客观、更不情绪化的立场。他们能够运用更多的认知共情，减少了过去因无助感而引发的情绪困扰。

现在，几乎每个人都认识有物质使用障碍的人，也许可以从评判转为理解。当你认为成瘾的精神状态是一种疾病，而不是一种道德瑕疵时，就更容易用认知共情来回应，知道理解问题和支持当事人的康复与通过同情和支持成瘾行为来助长有害行为之间的区别。

## 性少数群体

我清楚地记得，在20世纪60年代我还是二年级学生的一天，我和母亲一起去药店。柜台后面新来的店员看起来像个男人，但他戴着一顶金色的假发，浓妆艳抹。我记得当时很困惑，他低沉的声音与他女性化的配饰并不吻合，但当我问母亲“为什么这位女士长这样”时，她只是直视前方，捏了捏我的手，没有回答。这足以表达她的不适，但没有提供答案。

这是我记忆中第一次遇到LGBTQ（性少数）群体的人，你可能已经知道，LGBTQ是女同性恋、男同性恋、双性恋、变性人和酷儿的简称。同性恋、双性恋和变性人现在是一个比我小时候更显眼、更有发言权的少数人群体。根据估算，约有4.1%的美国人认为自己是男同性恋或女同性恋，认为自己是变性人的人口比例要小得多，报告从0.3%～0.6%不等（即使是微不足道的0.6%，数量也有140万）。

尽管他们在日常生活和文化中的地位越来越高，但LGBTQ群体的人比我能想到的任何其他社会阶层都会引起更多的愤怒和明显的反感。这是一种根深蒂固的态度。1890年，哲学家威廉·詹姆斯（William James）从理论上提出，人们对与同性有性接触的人的反感是与生俱来的，尤其是男性，但可能通过训练来克服。还有人推测，对同性恋的偏见其实是源于一种古老的生存本能，目的是让我们免受"和我们不一样的人"的伤害。还有一些人引用了进化生物学和同性伴侣不能繁殖的事实。

一些宗教团体认为非典型性取向是罪恶的。一些世俗团体认为，男女同性恋、双性恋和变性者是由疾病或身体失调引起的。另一些人则认为同性恋者是自然法则的偏差、淫荡的异类。可想而知，研究和调查发现，恐同（homophobic）态度最强的人，很少与同性恋者接触，而且往往生活在偏见成风地区。男性对同性恋者表现出更强烈的不容忍倾向，而且一般来说，人们对与自己同性别的同性恋者比对异性的同性恋者表现出更多的负面态度。

不管理由是什么，对 LGBTQ 群体的偏见普遍存在，这助长了强烈的歧视、欺凌和仇恨犯罪。一些州试图通过婚姻、就业和厕所法将同性恋定为犯罪。一些其他国家则以监禁和死刑来惩罚同性恋。

即使你不希望人们以同性恋、双性恋或变性人的身份生活，我也想劝你停一停，换一个更有共情的反应。我最近参加了一个医疗风险会议，一位演讲者谈到了理解 LGBTQ 患者的重要性，因为当医生不知道也不问性取向和性别认同时，患者的健康问题很容易被忽视。演讲者是一位名叫苏珊的护士，她根据自己和孩子的经历，讲述了自己需要更好地认识、理解和共情这一人群的最鼓舞人心和最勇敢的故事。苏珊十几岁的孩子埃米尔，在大学第一个学期放假回家时，在父母的震惊中宣布，从幼年开始，她就觉得自己是一个生活在女孩身体里的男孩。苏珊不知道该怎么想。当她听着并试着不去评判时，她不禁感到一阵困惑、沮丧和恐惧。她从来没有直面过自己对变性人的偏见和恐惧，而现在她在自己的家庭中面对着这些偏见和恐惧。和约翰逊夫妇一样，苏珊夫妇最初也觉得自己对孩子感到失望，因为情况超出自己的控制范围。

苏珊决定了解更多关于变性人的身份认同的信息。她了解到，大多数变性人孩子在很小的时候，通常在小学的时候，就知道自己的身体并不能反映自己真实的性别身份；他们以某种方式知道，身体外观（表型）和性别认同之间是不匹配的。她了解的越多，就越了解到变性人其实并不是一种疾病或身体失调。

苏珊还特意决定使用 E.M.P.A.T.H.Y. 工具，而不仅仅是收集事实和临床信息。她仔细地观察孩子的非语言线索，包括在他们的谈话中孩子的眼神、语气和情绪等。她意识到自己的反应，然后把它们放在一边，充分倾听孩子传达给她的情绪。她换位思考，从孩子的角度看待问题和世界，这让她明白生活在一个感觉陌生的身体里是多么艰难。她的情感与孩子的情感开始共鸣。她能够脱离自己的立场，在很大程度上体验到自己的孩子会有怎样的感受。她接受了共通的心理体验，然后转变为支持和爱护的父母角色。

最终，苏珊意识到她需要为失去女儿而悲伤，也要维护她与孩子的关系，不管孩子是什么性别。她的共情能力使她能够跳出自己的意愿，对孩子的需求持开放态度。这段描述如此令人难以置信的点是，很明显这对苏珊来说并不容易，但共情和爱使之成为可能。当她在座无虚席的礼堂演讲时，人们被她的话语所感动，不由自主地在椅子上前倾着身体。你可以听到针掉落的声音。她给我们提供了一个真实的例子，告诉我们她如何通过换位思考和共情来维持她与孩子的珍贵关系。

苏珊的故事表明，保持对人、对人性以及对人与人之间的差异的共情是多么重要。我很佩服苏珊的勇气，她与听众分享她的故事，这些医疗风险专家本来可以对她进行评判、否定和谴责，却起立给她鼓掌。如果我们要生活在一个充满人情味的社会里，共情必须延伸到全人类。苏珊放下自己的愿望和梦想，敞开自己的心扉，去迎接适合埃米尔的未来，这是一种英雄的行为，使他们的关系变得异常亲密和充满爱。这样的故事对社会有启发作用，当我们通过他人的眼睛看世界时，就会看到联结的可能性。

## 自闭症和共情

自闭症谱系障碍的患者通常很难与他人产生共情，因为他们不会以预期的方式做出反应。如果你不了解自闭症患者面临的种种挑战，很容易判断他们是“异类”。那些自闭症谱系障碍患者在表达共情方面有缺陷，这似乎与他们无法从他人的角度出发看问题，以及在社会和情感交流方面的异常有关。他们还从小就表现出强迫性特征。这些非典型的社会反应，如缺乏眼神接触和不恰当的面部表情，使他们很难与人交往，因此他们从童年起就经常被排挤和孤立。

我们已经了解到，共情是一种镜像现象：当你接受了它，它就会在你身上放大。但自闭症患者通常不会用标准的面部表情来回应情绪。如果你是哥伦比亚广播公司电视连续剧《生活大爆炸》的粉丝，你就会知道，谢尔顿（Sheldon）是一个患有自闭症的角色，他不断地要求别人澄清他们的情绪，然后误解或无视他得到的解释。他表现得冷漠又缺少情感。虽然他的反社会行为产生了麻烦、误解和情感伤害，但谢尔顿是幸运的。他找到了一群朋友，甚至是女朋友，他们愿意忽略他的社交缺陷和无法适当处理社交暗示的问题。不幸的是，很多自闭症患者并没有这么幸运。

大约 70 名儿童中就有 1 名自闭症患者，而且这个比例有上升的趋势。自闭症诊断包括广泛性的社会功能缺损，涵盖从非常严重到较轻微的类型。自闭症研究者西蒙・贝伦 – 科恩（著名喜剧演员萨沙・贝伦 – 科恩的叔叔）广泛研究了自闭症患者大脑中与共情相关的区域的神经活动减少的现象。他发现，自闭症患者很难理解他人的面部表情，而且换位思考的能力也有限。患有这种疾病的人缺乏欣赏他人经历或洞察自己反应的能力，会导致误解并影响对他性格的评判。反过来又会使他与社会脱节，无法让他人对他遭遇的挑战产生共情。即使是高功能的自闭症成年患者[㊀]，他们可能在某些方面非常聪明和能干，但缺乏社会意识和准确的情绪识别能力，可能让他们在维持人际关系方面遭遇巨大困难。

就像其他外群体一样，自闭症患者需要更多的理解和耐心。虽然有时很难，但我们至少应该记得提醒自己大脑发育存在生理差距，并试着想象一下，如果是你或你的孩子有这种障碍，会是什么样子。你会希望别人认为他们是无辜的，

㊀ 高功能自闭症患者的智商高于其他自闭症患者。——译者注

并表现出耐心。最重要的是，当有人表现出非典型行为时，我们希望大多数人在评判或忽视他们之前会三思。

## 找到 E.M.P.A.T.H.Y.

当共情最困难时，你就需要评估是什么阻碍了你产生共情，问问自己是否表现出了尊重（respect），其字面意思是“再看看”。当我们尊重他人时，我们在第一眼之后再看一眼，并尝试不妄加评判地看待他人。我知道这并不容易。我希望 E.M.P.A.T.H.Y. 七要素可以帮助你识别你的共情障碍，这样你就可以顺利实现共情，或者当共情不可能实现时，能接受这一事实。

你是否曾经看着一个无家可归者的眼睛，被她的困惑和痛苦所震撼？或是看着吸毒者亲人的眼睛，看到他们深深的痛楚和绝望？我们要主动去注意，同时更要体谅他人：自闭症患者和来自其他文化的人可能无法以你所期望的方式保持目光凝视。牢记这一点可以帮助我们解释他们的行为，并带来更多的理解。

解读面部表情可以提供很多关于意图的信息。令人讨厌或不安的行为可能是在呼救。你越了解一个人，就越容易理解其使用眼睛、嘴巴和其他面部肌肉的细微差别。你练习得越多，你的识别能力就会越强。有些人告诉我，当电视声音关掉时，他们很擅长解读电视画面中的人的情绪。我想他们说的正是一种重要的能力。想想戏剧、表演或电影中的一个角色，他不那么完美，但演员却能把角色刻画成讨人喜欢的样子。这种刻画很大程度上是通过演员的面部表情来实现的。

姿势为我们提供了额外的观察线索，可以对眼睛和脸部所展示的内容进行补充。鲜有人在痛苦时还能站直身子，后背挺拔。一个人的姿势经常会透露出他的情绪。如果你的朋友低着头懒洋洋地坐在椅子上，身体看起来松松垮垮，而不是挺拔和精力充沛的样子，就要考虑他是不是情绪低落、沮丧甚至抑郁。

我在本章中讨论过的一些群体的情绪体验是受损的。例如自闭症患者，在同样的情况下，他们的情绪体验并不总是和其他人一样。或者，受到酒精或药物影响的人，可能不会以典型的方式做出反应。在这种情况下，你不能总是依靠镜像或你与生俱来的直觉来解读他们的情绪。你可以更好地理解一个你熟悉的人的情绪，尽管他们在表达情绪方面有困难，但即使是这样，在有压力的情况下也很难做到。我们自己要明了为什么有些人的反应与自己的预期不同，这样你就可以相应地调整你的期望，避免做出下意识的判断。在某些情况下，你能做的最好的事情就是确保自己的情绪在表达方式和行动上是明确的。

我们的沟通有 90% 是通过非语言进行的，而 38% 的非语言沟通是通过语调进行的。仔细倾听时，其实你可能会通过听语调而不是听内容来获得更多的信息。当一个有物质使用障碍的人使用威胁性和激烈的言语时，也许是在找借口或试图掩盖事实，你从语调中听到的绝望很可能才是最真实的。这些言语和操控可能会让你不开心，但你认识到他们实际上渴求帮助并在努力拒绝成瘾可能会帮助他们走上康复之路。

没有什么是比给别人全部的关注更大的赞美或礼物了。倾听意味着听到整个人。不仅仅是他们说的话，还有他们向你讲述时的语境。放下你的电子设备，摘下耳机，关掉手机，把提出问题和倾听回应作为你的目标。如果你事先知道情况会很有挑战性，就留出不会被其他事情分心的时间。让充分的倾听成为你与对方关系的颂词，就像苏珊倾听埃米尔分享关于他身份认同的故事时那样。

最后，“你的反应”，也就是 E.M.P.A.T.H.Y. 中的“ Y”，并不关乎你接下来要说的话。注意你的身体对谈话的反应。如果你注意到自己身子紧绷、胃在打结，或者心跳加速，试着做一些深呼吸，说出你的情绪。如果你感到焦虑，就说：“我需要考虑一下这个问题。”如果你很生气，你可以试着说：“我对你现在说的话有强烈的反应，我需要一些时间来思考一个周全的回应。”如果你在和别人说话的时候感觉很平静、很舒适，那他们很可能是因此找到你的，因为大多数的感觉都是相互的。然而，如果你和一个在表达自己情绪方面有缺陷的人在一起，你可能会注意到自己的反应，并做出选择暂且相信他，听他诉说。将共情倾听付诸实践，你就会注意到，你最初紧张的身体会逐渐更加放松，并且你们之间的关系会更加紧密。

## 感受在我们之间的怪物

真正的邪恶行为不会引起太多的共情。它们会引起恐惧、厌恶和愤怒的情绪。这些是杀人犯、猥亵儿童者、纳粹和我们中间的独裁者的行为。我不能说这些人不值得我们对他们的行为动机有任何共情的好奇心，而是说，他们挑战了我们共情能力的深度。

例如，那些自己看起来对他人缺乏共情的人，可能会操纵他人追随他们。当他们的行为结果完全暴露时，就很难唤起追随者任何积极的情绪。他们带来了一系列令人困扰的问题：是什么让人们如此行事？如果我们对他们的背景和生活有更多的了解，会不会发现他们也遭受过类似的残忍虐待？倘若他们自己也是身体暴力、仇恨或心理操纵的受害者，这能否为他们的行为开脱，并使之更值得被原谅？还是说，这些人是否因为神经缺陷而存在根本性的缺陷，这种情感缺失能为他们的恶毒行为开脱吗？

神经科学研究人员发现，表现出精神变态的人的共情神经机制似乎受到了损害。芝加哥大学的欧文·B. 哈里斯杰出贡献教授获得者、神经科学家让·戴西迪（Jean Decety）做了大量的研究，表明精神变态者是不能产生共情的，精神变态者的大脑确实与一般人的大脑存在差异。他们往往不会在受害者的脸上读出恐惧，对受害者痛苦的哀嚎或呼喊也无动于衷。他们没有共同的神经回路，也没有对他人的共情能力。精神变态者伤害他人显然是很轻松的，而且不会受到良心的谴责。这些缺陷在多大程度上是天生的或后天的还不完全清楚。

西蒙·贝伦–科恩的工作阐明了反社会人格的征兆，指出了精神病态和社会病态群体中常见的特征。这些特征包括欺骗、冲动、攻击性、不顾他人安全、不负责任、不遵守合法的社会规范和缺乏悔意。要看到这些特征的全貌，我们需要回头再看看夏洛茨维尔的抗议活动，在那场活动里，一个充满仇恨的白人种族主义极端分子故意将自己的汽车撞向抗议者人群，杀死了一名正在和平示威的年轻女性。像这种对他人充满仇恨、缺乏共情的人，对我们社会的运作构成了严重的威胁。

在世界历史上，有一些人物对少数群体表现出最极端的仇恨和敌意，导致数亿人死亡。他们所使用的策略是将外群体非人化和妖魔化，从而为他们杀死外群体提供了理由。我们如何理解希特勒、本·拉登，或者是在卢旺达、亚美尼亚、南斯拉夫进行的种族灭绝和对叙利亚发动大规模杀戮的领导人的想法？对于像泰德·邦迪和约翰·韦恩·盖西这样的精神变态的大屠杀者，我们能有什么共情呢？我们知道，精神变态的人缺乏共情的关键基础。恐怖分子、新纳粹组织和三

K 党的成员、虐待动物的人的行为背后的动机是什么？这些人是怪物吗？他们是天生的异类吗？我们在感情上欠他们什么？谁能说有些人做了暴力的事情就不值得共情？

如你所见，也许问题多于答案。有一件事是肯定的：对有些人来说，拥有共情能力是非常非常困难的。但我们必须要当心，共情是滑坡式的。如果我们认为某些个人或群体难以产生共情，那么红色警戒线在哪里？它是否会渐行渐远，直到共情变成例外而非常规？即使在最困难的情况下，做出判断之前的理解也是必不可少的。然而，理解并不妨碍追究责任。无论我们如何充分地理解人们为何会做出恶劣的事情或者选择事不关己，他们仍需为后果负责。然而，如果我们要在社会中找到具有建设性和积极的前进道路，就必须了解导致暴力的态度、倾向和行动的原因。

第 12 章

# 自我共情

想象这样一种场景，你有一个好朋友正处于人生的艰难阶段。你会不会第一时间提供帮助，给予爱、理解与支持，并且不妄加评判？作为一个真正的朋友，你会在他身边言辞婉转，耳不旁听，没有羞辱或指责。为什么我们很多人对自己反而没有这样的善意呢？自我批评似乎是对我们所犯的小错误的下意识反应，也是对微小失误的匆忙评判。我们为自己对他人的善意和关怀而自豪，然而当我们每天看到镜子里的自己时，我们却将共情视为软弱的表现。

是时候让自己休息一下了。

在本章中，我们将重点讨论自我共情。自我共情？你可能怀疑我说错了。共情不应该是我们对别人的感觉吗？自我共情在语义上是矛盾的吧？如果我们回到共情的七要素，就会意识到，我们很少应用这些线索来评估我们自己的感受——把“眼神接触”“我”和“Y”放到共情中。

我们多数人不会定期练习分析自己的面部表情和体态，也没有在不高兴的时候仔细分辨自己的感受，但也许我们应该这样做。我们应该允许自己好好地哭一场，让自己的情绪得到宣泄。荷兰研究哭泣的专家 A.J.J.M. 文格霍茨（A.J.J.M. Vingerhoets）进行的研究发现，在看完一部催人泪下的电影 90 分钟后，好好哭了一场的人心情会比看电影前更好。正如文格霍茨所解释的那样，哭泣可能是一种从强烈情绪中恢复过来的有效方式。因为哭泣和悲伤的表情与我们自己的真实感受紧密联系，也能帮助我们共情和关怀他人。

我们也知道，辨析他人的感情或情绪，如“他看起来很高兴”或“他看起来很悲伤”，可以帮助我们产生更强的共情力。事实证明，辨析我们自己的情绪也会如此。当你被自己的愤怒、恐惧或厌恶等情绪影响时，给它起个名字有助于自我调节，因为这样我们就能认识到它只是暂时的状态，不会永远影响你。实际上，给情绪命名能让你的前额叶皮层，即大脑中参与情绪评估的部分，和这种情绪感受保持一点距离。

也许自我共情最关键的就是你的反应，即“Y”。我们把这么多的情绪表达与身体联系在一起，绝非偶然。我们的身体是我们情绪的信号工具。当你害怕时，心脏会快速跳动；当你恋爱时，瞳孔会放大；当你紧张时，你总是感到胃里七上八下。感受身体的反应教会我们识别并尊重那些需要自我照顾的反应，也是管理我们自己的健康、情绪和人际关系的重要技能。

刚开始意识到这一点你可能会觉得很奇怪："你的反应"不仅指你对别人的反应，也指你对自身感受的反应。一种思考这个问题的方式是"主体我"和"客体我"之间的区别。"主体我"负责观察"客体我"的行动。例如，"我意识到他的评论真的伤害了我"这个观察并没有把我的整个自我定义为受到伤害，而是观察到某人的评论伤害了一个个体——"我"的感受。"主体我"是"客体我"身上发生的事情的观察者。我们需要感受自己的感受来了解自己的情绪，而你的反应是了解自己感受的关键。

## 理解自我共情

我们拒绝自我共情的一个原因是，我们把它误认为是自怜。我们认为它是自我放纵的一种委婉且模糊的说辞。不同的是，自我放纵可能会成为一种破坏性的力量，让你屈服于任何让你感觉良好的事物，尽管你知道它是不健康的，比如暴饮暴食、过度使用药物或用酒精来麻痹自我。而自我共情需要更强的自我意识、自律、对痛苦的敏感性，以及致力于寻找有效解决方案的决心。自我共情是认识到你像所有人一样，值得被理解和关怀。要真正充分地实践自我共情，你必须愿意使用它，无论是你被自己的脚绊倒时，还是犯了让你感到尴尬或希望自己待在家里的错误。这是一种谦逊的练习，它需要你承认作为人类犯错误是非常正常的，错误是广泛的人类经验的一部分。

当你对自己产生共情和关怀时，你就可以将自己的经历与他人的经历进行比较，并承认无论你的烦恼或关注点是什么，它都是别人经历过的，是值得关怀的。在某种程度上，它是一种极致的换位思考，因为你真正站在自己的立场，关爱怜悯自己。了解他人的想法和感受往往会防止你对他们做出过于严厉的评判。同样地，换作自己，这样的细致关怀会防止你踏入自我评判的深渊。这并不意味着你比别人更优越或更有价值，也不意味着你的错误不应该被质疑。自我共情并不是免除你的责任，也不能让你在让别人失望时免于道歉。它只是意味着，你和其他人一样，即使你犯了错误，也应该得到共情关怀、爱护和照顾。当你学会对自己更加关怀的时候，你就学会了用类似的善意对待他人。共情良性循环就此启动。

在当今世界，自我共情是一种被低估的心理能力。当我们遇到问题时，我们很可能不给自己这些心理上的拥抱，因为我们不想降低自己的标准，或者因为我们把这样做等同于以自我为中心、纵容或懒惰。然而，事实恰恰相反，有研究表明，有自我共情倾向的人比自我批评者更不可能整天赖在沙发上。在人格测试中，自我共情与积极的特征（如动机、心理韧性、创造性思维、生活满意度和对他人的共情）有很强的相关性。相反，我们中那些吹毛求疵的人往往在敌意、焦虑、抑郁等方面得分较高，而在生活满意度和外在共情行为等方面得分较低。换句话说，我们对待自己的方式，往往就是我们对待他人的方式。

共情历来被认为是一种使我们能够理解和分享他人的情感体验的特质。我们将其视为良好人际关系的基本要素，而非我们自己所需的东西。让我们转变一下这种思维。你对自己表达的善意和理解是一种共情，相当于飞机上的氧气罩。在你对他人产生共情和关怀之前，你需要自己先“拉下面具”，吸入氧气。

研究关怀的专家克里斯汀·内夫（Kristin Neff）最近在自我关怀的概念研究上做了一些开创性的工作，将其分解为三个主要组成部分：善待自我、共通人性和静观当下。[1]

善待自我是指对自己的理解和宽容，包括在失败或痛苦的时候。对自己温柔是自我共情的一个重要方面，因为它可以防止你对自己进行过于严厉的评判。自我宽恕的态度远不会造成以自我为中心的世界观，而是抵御自恋的最佳防线之一。你可以从错误中走出来，而不会让错误堆积起来，让自我怀疑的大山掩埋你的自信和自尊。

共通人性意识意味着你把自己的经历看作人类大家庭的一部分，而不是单独的和孤立的。共通人性提醒我们，我们

---

[1] 克里斯汀·内夫的作品《静观自我关怀》已由机械工业出版社出版。

并不孤独，即使在失败中也不孤独，从而促进了自我共情。正如亚历山大·蒲柏（Alexander Pope）曾经写道的："犯错是人之常情。"但我们不要忘记这句话的第二部分："宽恕，是神圣的。"认识到痛苦和个人的不足是人类共同经验中很自然的部分，你就可以原谅自己，继续前进。

静观当下或正念，已经成为一个流行语，是一种识别你的思想和感受，而不对它们做出反应或评判的能力。从第三人称的角度评估你的思想内容，能够帮助你觉察到真实的自我与自己的想法和感受之间的差别。这就像坐在观众席上观看一场由你的思想和感情上演的舞台剧。成为戏剧的观察者，而不是场上的演员，让你可以对生活中发生的事情持有不同的信念和态度。

在自我共情的三个组成部分中，正念的研究最为广泛，也最容易理解。它之所以受到如此巨大的关注，是因为正念在理论和实验结果上都与心理健康紧密相关。正念已经被证明可以帮助我们更有效地自我调节情绪。此外，研究还将定期的正念活动与集中注意力、提高意识水平和全盘接受当下体验的水平联系起来。通过让大脑更好地控制注意力，正念帮助我们专注于重要的事情，在必要时将注意力切换到其他事情上。我们知道，当人们能够专注并平静地生活时，他们对待世界的方式与心烦意乱、情绪失调时是截然不同的。

神经影像学的研究发现，经常进行某种正念冥想的人的大脑与那些不进行冥想的人的大脑的运作方式是不同的。每天冥想的佛教僧侣，其大脑的认知和情绪中心之间的皮质增厚，使他们对情绪刺激的反应较小。在练习短短八个星期的冥想新手的大脑中，相似变化也存在。脑电实验也提供了一些有趣的研究数据，脑电图监测器连接大脑，将其电活动转化为“波”。冥想的人表现出更持久的 α 波活动，α 波通常与平静时的新陈代谢率有关，例如，心率降低、呼吸减慢等。此外，冥想的人也被证明有较高的 θ 波的出现率，科学家认为 θ 波与低情绪唤醒和平静相关。

## 雨滴效应

你有没有看过这样一部动画片，其中一个角色被追赶跳下悬崖，突然发现自己悬在半空中？这个角色花了几秒钟才意识到脚下什么都没有，然后就惊慌失措地坠落到地上。这是我在心理治疗中经常使用的一个比喻。有时候，一个人甚至没有意识到自己已经耗尽了资源和支持，直到他发现自己在半空中，没有任何东西可以支撑自己。

我的朋友弗兰克·塞斯诺和一个患有唐氏综合征的姐姐一起长大。你或许知道，唐氏综合征是一种以患有严重的精神障碍和低智商为特征的遗传性疾病。塞斯诺的妈妈是一名社会工作者，在一家残疾人机构中工作，她的大部分工作是确保她的病人得到良好的照顾。塞斯诺清楚地记得，姐姐的残疾对他妈妈来说是多么痛苦。妈妈也不是总能从容应对。

“我很想用共情这个词，但有时她对我姐姐并不是那么好，也不是那么善良。”他说。

塞斯诺强调，他妈妈像爱她其他孩子一样爱着她有特殊需要的孩子。然而，漫长的日子、缺乏帮助和艰难的婚姻让她疲惫不堪。在孩提时代，塞斯诺就感觉到妈妈的情绪库经常是空的，导致她缺乏耐心。有时，这使她对姐姐态度严厉。他记得当时希望妈妈给客户及其家人的建议比她在家里树立的榜样更好。

照顾者对依赖他的人态度很差，这种情况太常见了。在调查中，选择护理职业的人，都是真心关心他人的人，但他们认为工作时间长、睡眠不足、情绪要求高消耗了他们的共情储备。这并不是说他们不关注亲人的安全和福祉。塞斯诺的妈妈当然关心自己的女儿。在某些时候，他们只是耗尽了情感。作为一名记者，塞斯诺能全方位观察他的家庭成员间的所有互动，这肯定得益于他善于感知他人观点的天赋。

随着时间的推移，自我忽视会削弱感知或回应他人需求的能力，因为它减少了我们可用于共情反应的资源。在帮助他人之前，你必须先帮助自己。当你自己的需求被满足时，你就不太可能分心。告诉我，当你感到疲惫、饥饿、筋疲力尽、脾气暴躁时，你能对某些人——任何人——产生多少共情？

当身体处于生理平衡状态时，对他人的共情和关怀往往是最高的，科学家将这种状态称为稳态。在理想的情况下，皮质醇和肾上腺素等压力激素一直保持在低水平，直到出现紧急情况，我们需要做出反应。但如果皮质醇和肾上腺素的水平因精神和身体上的压力而持续偏高，我们就会一直像在紧急状态下运作。

非稳态，是指身体对压力做出反应以恢复平衡的过程，大脑既是压力的反应者，也是压力的目标。当你一直在努力工作而没有恢复平衡时，高水平的非稳态负荷意味着你在日常生活中产生了过量的神经递质和激素反应，往往超过了手头任务的实际需要。这导致心脏和大脑血管的炎症激增，进而使你面临健康问题的风险，如血压和胆固醇升高以及脂肪储存增加。综上所述，越来越多的证据表明高压力、情绪障碍与心脏病、血管疾病和其他系统性疾病之间存在联系。焦虑症、抑郁症、敌意和攻击性、药物滥用问题和创伤后应激障碍，都是非稳态负荷明显过高的状态。同时，我们也经常看到化学失衡，在某些情况下，大脑结构会发生萎缩。

进一步说，高水平非稳态负荷会在细胞水平，甚至分子水平上影响你。因为基因并不是一成不变的，它们的表达取决于你如何通过一个被称为表观遗传学的过程与环境互动。举例来说，你可能生来就携带退行性疾病的基因，但如果你养成良好的健康习惯，照顾好自己，它们可能永远不会表达，所以环境会影响基因的表达。经历持续的压力和忽视健康习惯，会给细胞带来很高的非稳态负荷。研究表明，这将导致基因的端粒缩短，而端粒缩短与健康状况不佳和寿命缩短有关。

我经常看到有些人突然意识到自己就像那个掉落悬崖的卡通人物，他们就是这样缺乏自我意识。他们把每一个要求都看成需求，即使是额外的沉重负担，仍然承担这些责任，只有当脚下没有了支撑，才开始注意到，自己与最爱的人缺乏互动。这种持续的紧张和压力状态，是完全缺乏自我关怀的表现。

一直感觉到手忙脚乱，对任何人来说都是不正常或不健康的。不久前，我在马萨诸塞州伯克希尔地区的 Kripalu 瑜伽与健康中心参加了一场自我关怀研讨会。我发现自己被 40 位女性包围，她们在承担家庭责任的同时，还在忙于应付令人难以置信的工作。我们每个人都压力很大，疲惫不堪。这让我感受到，偶尔抽出时间按一下重启键对我们所有人来说是多么的重要。这次活动也为我打开了体验运动乐趣之门，在大自然中行走，以及令人振奋的瑜伽舞蹈项目可以使我们的身体充满活力。

当我们感到烦躁、缺乏耐力的时候，就应该拿起镜子照照自己，问问自己是否失去了了解自己需求的共情能力。自我关怀不仅能促进自己的健康和活力，还能让你变得更有趣，成为更好的伙伴、朋友、同事或父母。一旦我们学会了自我关怀，开始对自己不那么苛刻，就会产生巨大的涟漪效应。如果你对自己的感觉和需求有更好的认识，你就会比一个自我失调的人更容易管理好自己的睡眠、休息、运动和对食物的需求。善待自己是你练习共情和关怀他人唯一有效的方式。

从塞斯诺的故事中，我们可以看出，观察妈妈帮助他发展了一种不可思议的与他人共情的能力。他从小就试图理解所有家庭成员的观点，而不做过多的评判。我相信这段经历帮助他成为世界级的采访者和讲故事的人，因为他具备站在他人立场上思考问题的敏锐能力。

## 超越脑中的喋喋不休

自我共情最大的障碍之一就是觉得自己很糟糕，以至于你认为自己不值得被温柔以待和同情。这种心态往往会导致担心、焦虑和自我怀疑。正念有助于对抗负面情绪，隔离大脑中默认运行的自我批评的脚本，直到它们可以被评估并置于适当的背景中。

有些人天生具有积极的人生观，正念思考对他们来说是自然而然的，而另一些人则沉浸在令人沮丧的过去和灾难化的未来。悲观倾向是人性的一部分，它们是我们史前时代的遗留问题，当时警惕危险比停下来闻花香更重要。这就是为什么在尴尬的社交场合，你的心脏会猛烈跳动，就像你被老虎跟踪一样。在当今世界，我们遇到的大多数“老虎”都是情感上的，而不是身体上的，但这些威胁却以同样的方式在脑海中盘旋。它们代表着危险和不适，向杏仁核和边缘系统发出信号，让我们释放出大量的皮质醇和其他“战斗或逃跑”

的神经化学物质。

如果你有极度严苛的父母，你自我批评和欺凌的声音可能会相当响亮和苛刻。你甚至可能会寻找那些与你的想法相呼应的老板、工作或伴侣，无意识地强化自己不够好的意识。这种隐秘的模式可能会在一生中反复出现，也许还会传给下一代。虽然它一开始可能是一种保护性策略——学会自我批评，在心理上战胜你的批评者，但自我创造的批评的真正问题是，它失去效用，变得有害。虽然一些消极的自我对话可能帮助你在童年时远离麻烦或努力克服自己的不完美，但作为一个成年人，你可以选择倾听还是忽略它。如果你内在的批评者声音很大、很无情，甚至成为一种困扰，认知行为疗法是一种经过验证的、很好的心理治疗方法，它可以重构你的想法。如果你自我批判的根源在于痛苦的童年经历，则心理动力学疗法可以作为治疗方法，它帮助你在治愈的治疗关系的背景下，通过回忆过去不顺的事情来处理你的体验，这有助于你的治疗和恢复。认知和情绪共情是心理治疗干预的基础。

将你的思想和感受与你分开，有助于你站出来对抗那些自我创造出来的批评者和欺凌者。这样做可以教会你不理会他们发出的关于你不够聪明或不够好的信息。当你选择不那么直接接受信息时，你可能会开始用自我共情，更深层次地处理负面情绪和批评，并且冷静地评估它们。正念并不能让你立即摆脱自我批评，而是教你放慢脚步，深呼吸，冷静地审视自己的反应。

我举一个我亲身经历的例子。

在我第一次做专业讲座时，有一位被认为是精神病学领域先驱的教授参加。他坐在房间的后面，我一开始演讲，他就开始眯起眼睛，皱起眉头。他的扭动和对我演讲的明显不悦，让我完全失去了信心。我的手心开始出汗，我能感觉到我的心跳加速、呼吸加快，这些都是典型的生理性的战斗或逃跑反应。他为什么要做这些表情？他以为我不知道自己在说什么吗？而我知道自己在说什么吗？事后，他走过来，祝贺我“讲得很好”，并让我把幻灯片发给他。原来他忘了戴眼镜，看不清屏幕。

大脑是相当会讲故事的！那时我刚刚开始我的精神病学教学生涯，而这个人是我所在领域中受人尊敬的前辈。所以我才根据一个我并不十分了解的人的面部表情来曲解事实真相。通常我们有能力相当准确地解读面部表情、姿势和声音，它们是我们塑造共情反应最宝贵的财富。然而，在有些情况下，特别是在权力不对等的关系中，我们可能会误解眉毛拱起或嘴唇抽动的含义。在这种情况下，我对教授烦恼的面部表情的感知是正确的，但我的解释却不正确。

担忧是一种仪式化的自我安慰尝试。你想象着所有可能发生的负面情景，然后思考着所有能从这些情景中挣脱出来的方法。焦虑的思考是一种让大脑平静下来的尝试。你做得越多，就越会把它强化为一种认知习惯。然而有调查显示，你担心的事情在 85% 的情况下不会发生。想一想这浪费了多少心理能量。在静下心来的诸多好处中，有一项是减少脑中的所有那些自我挫败的喋喋不休。它改变了剧本——不是通过改变你的想法，而是通过改变你与这些想法的关系。

采用一种更自我宽恕的方法，你就可以有意识地远离情境中情绪化的一面，避免导致下意识进行负面分析和非适应性反应的情绪失调。正如埃默里大学最近一项研究所证明的那样，接受正念训练的受试者在解释眼神接触和预测对方在想什么的能力上有所提高，这都是共情准确性的测试内容。

如果有人对你不好，或者说了一些侮辱性的话，可能会让你的情绪变得很差，并使你的想法进入自我批评的循环。正念思维可以抵消自动思维，防止你妄下结论。一个人不快乐的原因有很多，但这些原因可能与你无关。也许他是一个挑剔的人。也许他今天心情不好，或者是有别的事情要忙。还有可能他只是视力不好。

原谅自己做得不对的事情，是放下过去的伤害和怨恨的最有力的方法之一。尽管你的批判性思维有一定的准确性，但正念告诉我们，这不应该是重要的。不要为过多的自我贬低找借口。你总能找到一种更善良、更温和的方式来与自己对话，避免苛刻的标签和自我毁灭的心态。承认自己做错了事是可以的，只是不要忽略你做得好的地方，或者下次可以做得更好的地方。忧虑优先的大脑还没有学会如何活在当下，公平地评价自我。你可以时刻注意你的想法，但你不等同于你的想法。学会从观众的立场上观察你的想法，并选择你将如何回应。

## 我们要何去何从

在我自己的医学领域，职业倦怠已经达到了流行病的程度，半数以上的医生至少有一种职业倦怠的症状，如疲惫、将他人去人格化（把他人看成物体而不是人），或丧失工作效能感。护士的职业倦怠率更高。初步数据显示，大多数进入医学领域的人一开始具有高于平均水平的共情，当他们还在接受培训时共情就会减弱。研究表明，早在医学院的第 3 年，职业倦怠的增加和共情的减少程度就令人震惊。然而，芝加哥大学最近的一项研究表明，医学生似乎保留了稳定的认知共情水平，而他们的情绪共情能力在紧张严格的训练下减弱，因为他们缺少处理压力的方式，而且在管理困难的人际交往方面的训练不足。

幸运的是，医学生的认知共情似乎占了上风，大多数人都能在身体和情感疲劳的情况中坚持下去，提供富有共情的护理。从医学院毕业后，实习生和住院医师仍然存在达到流行病水平的职业倦怠，即使在完成培训后，他们也不会像以前那样完全恢复。我们知道，现在住院医师平均每天与病人相处的时间不到 2 个小时，而与电脑上的数据互动的时间将近 6 个小时。除了太多电脑时间的压力和必须无休止地诊断、治疗复杂病症之外，过度关注病人检查室的电脑记录，剥夺了临床医生练习七大共情要素的宝贵机会。

也许你有过这样的经历，在最近的一次看病过程中，你被问了一系列问题，医生记录了你的回答。当他坐在电脑前敲击键盘的时候，他有多少次从电脑上抬起头来，看着你的眼睛，或者表明他理解你的主要关切，而不仅仅是你当天主诉的问题？可能并不经常。

如果缺乏眼神交流或没有注意到你的情绪问题，让你觉得自己更像一个数字，而不是一个病人，你的医生跟你有着同样的感受。大多数医生都不喜欢以这种敷衍的方式行医。当你的医生匆匆忙忙地看完检查单，只专注于你遇到的问题，而不是倾听你的全部，你和你的医生都失去了医疗实践中曾经要求的仁心。你们也都错过了令人满意的人际体验所带来的多巴胺爆发。

电子健康记录确实有其优点，但它们成了医生和病人之间的障碍，剥夺了眼神接触、身体语言的交流，以及病人和医生互动的其他共情要素。这对每个人来说都是一种糟糕的体验。医生感到倦怠，对自己的工作越来越不满意，而越来越多的患者也在抱怨对医疗系统的互动不满意。80% 以上的医疗事故诉讼是由于沟通不畅和患者认为医生缺乏共情造成的。现在大家开始重视身心健康实践，并专注于强化共情能力，以使患者和医生都能从中受益。

我在前面提到过的朋友阿迪认为，教会医学生变得更加用心是解决方案的重要组成部分。2014 年，阿迪帮助创办了乔治敦大学医学院的教育创新与领导力中心，该中心为教育工作者提供了一些培训项目，重点是各种自我关怀和自我觉察技术，如正念冥想。

该中心的心 – 身课教授压力管理和培养自我意识的效果令人印象深刻。参加为期 8 周的心身冥想课程和各种合作案例研究的学生报告了该课程对他们的教育产生了多么强大的影响。在上课之前，三分之二的学生报告说对同学们感同身受。课程结束后，这个比例上升到 95%。阿迪说，他的办公室里堆满了医学生的来信，他们对这段经历表示感恩，并感谢学校提醒他们当初为什么要从医。

这是我所知道的第一个关注医学生情绪和非稳态负荷的项目。作为一名生理学家，阿迪明白，教授肾脏的生理学知识很重要，但传授在医学院期间对压力的生理反应如何干扰学习和压力管理的知识也很重要。通过引入一度被归入替代和补充医学的领域的正念和冥想，自我关怀进入了年轻医生的世界。这里的经验对每个人都很重要：如果我们忽视了自己，就不可能以一种共情和关怀的方式照顾他人。

幸运的是，现在美国和国际上的医学院都已经开展了类似的项目。越来越多的学校和培训项目正在将自我关怀实践作为防止职业倦怠的基本教学内容纳入课程。医学院没有把医学教育的全部重点放在对病人的护理上，而是利用当前职业倦怠危机的“机会”，也开始强调医护人员的自我关怀。正如我们在本书中看到的那样，通过共通的大脑机制和自我关怀、共情和正念的训练，共情会产生更多的共情。社会各界都需要强调这种对自我的关怀。

家长、教育工作者、商业领袖、卫生保健工作者、律师、政治家、执法人员、法律系统工作者以及每一个与他人互动的工作者，都能更多地享受他们的角色和工作，同时变得更加高效。当我们以共情的七个要素为基础来实践自我共情和对他人的共情时，我们就有希望塑造一个更文明、更尊重话语权、人们更加相互理解和更人道的世界。

# 致　谢

如果没有 Liz Neporent 的热忱与勠力合作，本书就不可能完成。Liz 帮助我以一种能够吸引读者的方式，综合了数十年的精神病学、神经科学、教育和共情方面的临床和研究经验及背后的故事，把这本书呈现出来。我们非常感谢康诺文学代理（Konnor Literary Agency）的 Linda Konnor 的鼎力支持，还要感谢我们目光敏锐的编辑 Caroline Pincus，她的奉献精神和细致指导非常宝贵。这里还要感谢我们的家人——Norm、Grant 和 Claire Nishioka，以及 Jay 和 Skyler Shafran——感谢他们的好奇心、创新理念、耐心和热情支持。

感谢马萨诸塞州总医院和哈佛医学院的精神病学系，那里的领导者，医学博士 Ned Cassem、Jerry Rosenbaum 和 Michael Jenike 帮助我成为一名精神病学家、教育家和研究者。我非常感谢他们支持在马萨诸塞州总医院建立的共情与关系科学项目，这是同类项目里的第一个医院项目。

衷心感谢我才华横溢和无私奉献的同事与研究员们，他们不知疲倦地参与了马萨诸塞州总医院共情项目的许多研究。如果没有 John Kelley、Gordon Kraft-Todd、Diego Reinero、Margot Phillips、Áine Lorié、Lidia Schapira、Rob Bailey、Lee Dunn、Tess Lauricella、Arabella Simpkin、Andrea Haberlein、Joan Camprodan 的贡献，我们的工作是不可能完成的。还要感谢我们深爱的同事 Lee Baer。

感谢我在马萨诸塞州总医院和哈佛医学院的坚定不移的导师和朋友们，他们是 Irene Briggin、Elizabeth Armstrong、Jon Borus、Michael Jenike、Elizabeth Mort、Maurizio Fava、Greg Friccione、John Herman、Christopher Gordon、Gene Beresin、Jim Groves、Margaret Cramer、Charlie Hatem、Carl Marci、Vicky Jackson、Juliet Jacobsen、Susan Edgman-Levitan、Tony Weiner、Beth Lown、David Eisenberg、Ed Hundert、Ron Arky、Rob Abernethy、Sherry Haydock 和 Liz Gaufberg。

感谢支持我们研究的基金会，特别是卓有远见的 Sandra Gold 和已故的 Arnold Gold，还有 Richard Levin，他们服务于致力医学人文主义发展的 Arnold P. Gold Foundation，致力于医学教育的 The Josiah Macy Jr. Foundation，the Rick Management Foundation 和 the David Judah Fund。

我持续受到沟通和正念领域先驱的启发：Alan Alda、Don Berwick、Richard Chasin、Richard Davidson、Jean Decety、Paul Ekman、已故的 John O'Donohue、Ron Epstein、Dan Goleman、Dan Siegel、Baroness Sheila Hollins、Frank Sesno 和 Tania

Singer。

特别感谢为这本书接受采访和咨询的每一个人：Alan Alda、Caroline Abernethy、Frannie Abernethy Armstrong、Axelle Bagot、Susan Boisvert、Emile Boisvert、Richard Boyatzis、Christopher Gordon、Adi Haramati、Eric Kandel、Suzanne Koven、Lynn Margherio、Diane Paulus、Doug Rauch、Frank Sesno、Vicky Shen、Patty McLaughlin Simon、Dick Simon 和 Renee Peterson Trudeau。

感谢 the Consortium for Research on Emotional Intelligence in Organizations 的所有同事和朋友，包括联合创始人 Daniel Goleman 和 Richard Boyatzis、Rick Aberman、Lauris Woolford 和 Doug Lennick。

最重要的是，我对多年来有幸与之共事的所有患者和家属深表感谢。那些有勇气了解自己的故事、缅怀并接受生活中不顺利的事情，然后变得完整并勇敢地拥抱生活的人所释放的力量，赋予了我生活的力量和意义。人类坚韧不拔的精神会永远不停地激励着我，因为你们让我看到你们让生活变得更美好，使世界成为一个更加和平和紧密联系的地方。

衷心感谢我亲爱的朋友和同事，他们阅读了部分手稿，并提供了宝贵见解。感谢 Malcolm Astley、Leigh Divine、David Frankel、Melissa Kraft、Claire Nishioka、Grant Nishioka、Nancy Rappaport、Johanna Riess Thoeresz 和 Christa T. Stout。

对于所有让Empathetics公司成为可能的人，我非常感激。特别感谢拯救儿童基金会的前首席执行官和明德学院驻学者Charlie MacCormack，感谢他在医疗保健行业内外传播共情的愿景。非常感谢我们的董事会——Joe Mondato、Pete McNerney、Nathaniel Opperman，我们的顾问委员会，感谢Vance Opperman和已故的博士Glen Nelson，感谢他们宝贵的智慧、指导和对公司潜力的信任，以及我们所有敬业的领导者和员工，尤其是Diane Blake。

感谢我的朋友们在我写这本书的时候提供的大力支持，他们是：Melissa Kraft、Nan Stout、Wendy Gordon、Larry Rowe、Nancy Persson、Ruthann Harnisch、Eve Ekman、Sandy Honeyman、Frank Sesno、John Weinberg、Cathy Lee、Malcolm Astley、Pam Swing、Diane、Dean Goodermote、Kim和Ernie Parizeau。感谢Wayland所有帮助我平衡我的生活和皮划艇队的奇女子们：Jill Dalby Ellison、Anne Gilson、Annie Hollingsworth、Barb Burgess、Barb Fletcher、Bredt Handy Reynolds、Kim Wilson、Megan Lucier和Nancy Osborn。

衷心感谢我的父母，我的兄弟Victor，感谢Jinny和Peter Bossart，感谢他们激发了我对古典音乐、艺术、摄影、医学和信仰的热爱，从而有了这本书。多亏了神奇的Nishioka家族，尤其是我的婆婆Shizuye Nishioka，她身体力行地说明了一个原则：即使在最不利的情况下，优雅和尊严仍然可以占得上风。特别感谢Adele Bargel，她的生活充满了共情，她从小就让我明白共情的力量。

感谢这里没有提到，但在这次旅程中扮演重要角色的所有人。

没有人比我的妹妹 Johanna Riess Thoeresz 更值得感谢了，她是我的灵感来源、榜样和最好的朋友，谢谢你。

# 参考文献

## 前言

Borcsa, Maria, and Peter Stratton, eds. *Origins and Originality in Family Therapy and Systemic Practice.* New York: Springer, 2016.

Chasin, Richard, Margaret Herzig, Sallyann Roth, Laura Chasin, Carol Becker, and Robert R. Stains Jr. "From diatribe to dialogue on divisive public issues: Approaches drawn from family therapy." *Conflict Resolution Quarterly* 13, no. 4 (1996): 323–44. doi.org/10.1002/crq.3900130408.

Halpern, Jodi. *From Detached Concern to Empathy: Humanizing Medical Practice.* Oxford and New York: Oxford University Press, 2001.

Kelley, John Michael, Gordon Kraft-Todd, Lidia Schapira, Joe Kossowsky, and Helen Riess. "The influence of the patient-clinician relationship on healthcare outcomes: A systematic review and meta-analysis of randomized controlled trials." *PloS ONE* 9, no. 4 (April 2014): e94207. doi.org/10.1371/journal.pone.0094207.

Marci, Carl D., Jacob Ham, Erin K. Moran, and Scott P. Orr. "Physiologic correlates of perceived therapist empathy and social-emotional process during psychotherapy." *The Journal of Nervous and Mental Disease* 195, no. 2 (2007): 103–11. doi.org/10.1097/01.nmd.0000253731.71025.fc.

Marci, Carl D., and Helen Riess. "The clinical relevance of psychophysiology: Support for the psychobiology of empathy and psychodynamic process." *American Journal of Psychotherapy* 59, no. 3 (2005): 213–26.

Riess, Helen. "Biomarkers in the psychotherapeutic relationship: The role of physiology, neurobiology, and biological correlates of E.M.P.A.T.H.Y." *Harvard Review of Psychiatry* 19, no. 3 (2011): 162–74. doi.org/10.3109/08941939.2011.581915.

Riess, Helen. "Empathy in medicine—a neurobiological perspective." *Journal of the American Medical Association* 304, no. 14 (October 2010): 1604–5. doi.org/10.1001/jama.2010.1455.

Riess, Helen, and Carl D. Marci. "The neurobiology and physiology of the patient–doctor relationship: Measuring empathy." *Medical Encounter* 21, no. 3 (2007): 38–41.

Riess, Helen, John Kelley, Robert W. Bailey, Emily J. Dunn, and Margot Phillips. "Empathy Training for Resident Physicians: A Randomized Controlled Trial of a Neuroscience-Informed Curriculum." *Journal of General Internal Medicine* 27, no. 10 (October 2012): 1280–86. doi.org/10.1007/s11606-012-2063-z.

## 第 1 章

Batson, C. Daniel, Bruce D. Duncan, Paula Ackerman, Terese Buckley, and Kimberly Birch. "Is empathic emotion a source of altruistic motivation?" *Journal of Personality and Social Psychology* 40, no. 2 (1981):290–302. dx.doi.org/10.1037/0022-3514.40.2.290.

Cartwright, Rosalind D., and Barbara Lerner. "Empathy, need to change and improvement with psychotherapy." *Journal of Consulting Psychology* 27, no. 2 (1963), 138–44. dx.doi.org/10.1037/h0048827.

Decety, Jean. "The neuroevolution of empathy." *Annals of the New York Academy of Sciences* 1231 (2011): 35–45. doi.org/10.1111/j.1749-6632.2011.06027.x.

Decety, Jean, and William Ickes, eds. *The Social Neuroscience of Empathy*. Cambridge, MA: MIT Press, 2011.

Decety, Jean, Greg J. Norman, Gary G. Berntson, and John T. Cacioppo. "A neurobehavioral evolutionary perspective on the mechanisms underlying empathy." *Progress in Neurobiology* 98, no. 1 (July 2012): 38–48. doi.org/10.1016/j.pneurobio.2012.05.001.

Ekman, Paul. *Emotions Revealed: Recognizing Faces and Feelings to Improve Communication and Emotional Life*. New York: Henry Holt and Co., 2007.

Harris, James. "The evolutionary neurobiology, emergence and facilitation of empathy." In *Empathy in Mental Illness*, edited by Tom F. D. Farrow and Peter W. R. Woodruff, 168–186. Cambridge: Cambridge University Press, 2007.

Karam Foundation. Accessed March 19, 2018. karamfoundation.org.

Knapp, Mark L. and Judith Hall. *Nonverbal Communication in Human Interaction*. 7th ed. Boston: Wadsworth, 2010.

Kohut, Heinz. "Introspection, Empathy, and Psychoanalysis: An Examination of the Relationship between Mode of Observation and Theory." *Journal of the American Psychoanalytic Association* 7, no. 3 (1959), 459–83. doi.org/10.1177/000306515900700304.

Lanzoni, Susan. "A Short History of Empathy." *Atlantic*, October 15, 2015.

theatlantic.com/health/archive/2015/10/a-short-history-of-empathy/409912.
Mehrabian, Albert. *Nonverbal Communication*. Chicago: Aldine-Atherton, 1972.
Rankin, Katherine P., M. L. Gorno-Tempini, S. C. Allison, C. M. Stanley, S. Glenn, M. W. Weiner, and B. L. Miller. "Structural anatomy of empathy in neurodegenerative disease." *Brain* 129, no. 11 (November 2006): 2945–56. doi.org/10.1093/brain/awl254.
Riess, Helen. "Empathy in medicine—a neurobiological perspective." *Journal of the American Medical Association* 304, no. 14 (October 2010): 1604–5. doi.org/10.1001/jama.2010.1455.
Riess, Helen. "The Impact of Clinical Empathy on Patients and Clinicians: Understanding Empathy's Side Effects." *AJOB Neuroscience* 6, no. 3 (July–September 2015): 51. doi.org/10.1080/21507740.2015.1052591.
Rifkin, Jeremy. *The Empathic Civilization: The Race to Global Consciousness in a World in Crisis*. Cambridge: Polity, 2010.
Rogers, Carl R. *Client-Centered Therapy*. London: Constable & Robinson, 1995. First published 1951 by Houghton Mifflin (Boston, Oxford).
Shamay-Tsoory, Simone G., Judith Aharon-Peretz, and Daniella Perry. "Two systems for empathy: A double dissociation between emotional and cognitive empathy in inferior frontal gyrus versus ventromedial prefrontal lesions." *Brain: A Journal of Neurology* 132, no. 3 (March 2009): 617–27. doi.org/10.1093/brain/awn279.
Singer, Tania. "Feeling Others' Pain: Transforming Empathy into Compassion." Interviewed by Cognitive Neuroscience Society, June 24, 2013. cogneurosociety.org/empathy_pain/.
Vischer, Robert. "On the Optical Sense of Form: A Contribution to Aesthetics" (1873). In *Empathy, Form, and Space: Problems in German Aesthetics, 1873–1893*, edited and translated by Harry Francis Mallgrave and Eleftherios Ikonomou, 89–123. Santa Monica, CA: Getty Center Publications, 1994.
Wicker, Bruno, Christian Keysers, Jane Plailly, Jean-Pierre Royet, Vittorio Gallese, and Giacomo Rizzolatti. "Both of Us Disgusted in My Insula: The Common Neural Pathway for Seeing and Feeling Disgust." *Neuron* 40, no. 3 (October 2003): 655–64. doi.org/10.1016/S0896-6273(03)00679-2.

## 第2章

Avenanti, Alessio, Domenica Bueti, Gaspare Galati, and Salvatore Maria Aglioti. "Transcranial magnetic stimulation highlights the sensorimotor side of empathy for pain." *Nature Neuroscience* 8, no. 7 (2005): 955–60. doi.org/10.1038/nn1481.

Bufalari, Ilaria, Taryn Aprile, Alessio Avenanti, Francesco Di Russo, and Salvatore Maria Aglioti. "Empathy for pain and touch in the human somatosensory cortex." *Cerebral Cortex* 17, no. 11 (November 2007): 2553–61. doi.org/10.1093/cercor/bhl161.

Decety, Jean, Greg J. Norman, Gary G. Berntson, and John T. Cacioppo. "A neurobehavioral evolutionary perspective on the mechanisms underlying empathy." *Progress in Neurobiology* 98, no. 1 (July 2012): 38–48. doi.org/10.1016/j.pneurobio.2012.05.001.

Ferrari, Pier Francesco, and Giacomo Rizzolatti. "Mirror neuron research: The past and the future." *Philosophical Transactions of the Royal Society of London B: Biological Sciences* 369, no. 1644 (2014): 20130169. doi.org/10.1098/rstb.2013.0169.

Hogeveen, Jeremy, Michael Inzlicht, and Sukhvinder Obhi. "Power changes how the brain responds to others." *Journal of Experimental Psychology: General* 143, no. 2 (April 2014): 755–62. doi.org/10.1037/a0033477.

Lamm, Claus, C. Daniel Batson, and Jean Decety. "The Neural Substrate of Human Empathy: Effects of Perspective-taking and Cognitive Appraisal." *Journal of Cognitive Neuroscience* 19, no. 1 (January 2007): 42–58. doi.org/10.1162/jocn.2007.19.1.42.

Miller, Greg. "Neuroscience: Reflecting on Another's Mind." *Science* 308, no. 5724 (May 2005): 945–47. doi.org/10.1126/science.308.5724.945.

Pelphrey, Kevin A., James P. Morris, and Gregory McCarthy. "Neural basis of eye gaze processing deficits in autism." *Brain: A Journal of Neurology* 128, no. 5 (2005): 1038–48. doi.org/10.1093/brain/awh404.

Preston, Stephanie D., and Frans B. M. de Waal. "Empathy: Its ultimate and proximate bases." *Behavioral and Brain Sciences* 25, no. 1 (March 2002): 1–20; discussion 20–71. doi.org/10.1017/S0140525X02000018.

Riess, Helen. "Empathy in medicine—a neurobiological perspective." *Journal of the American Medical Association* 304, no. 14 (October 2010): 1604–5. doi.org/10.1001/jama.2010.1455.

Riess, Helen. "The Science of Empathy." *Journal of Patient Experience* 4, no. 2 (June 2017): 74–77. doi.org/10.1177/2374373517699267.

Rizzolatti, Giacomo, Leonardo Fogassi, and Vittorio Gallese. "Neurophysiological mechanisms underlying the understanding and imitation of action." *Nature Reviews Neuroscience* 2, no. 9 (2001): 661–70. doi.org/10.1038/35090060.

Singer, Tania, and Claus Lamm. "The social neuroscience of empathy." *Annals of the New York Academy of Sciences* 1156 (March 2009): 81–96. doi.org/10.1111/j.1749-6632.2009.04418.x.

Zaki, Jamil. "Empathy: A motivated account." *Psychological Bulletin* 140, no. 6 (November 2014): 1608–47. dx.doi.org/10.1037/a0037679.
Zaki, Jamil, and Kevin N. Ochsner. "The neuroscience of empathy: Progress, pitfalls and promise." *Nature Neuroscience* 15, no. 5 (April 2012): 675–80. doi.org/10.1038/nn.3085.

## 第3章

Brewer, Marilynn B. "The social psychology of intergroup relations: Social categorization, ingroup bias, and outgroup prejudice." In *Social Psychology: Handbook of Basic Principles*, 2nd edition, edited by Arie W. Kruglanski and E. Tory Higgins, 695–714. New York: Guilford Press, 2007.
Dinh, Khanh T., Traci L. Weinstein, Melissa Nemon, and Sara Rondeau. "The effects of contact with Asians and Asian Americans on White American college students: Attitudes, awareness of racial discrimination, and psychological adjustment." *American Journal of Community Psychology* 42, no. 3–4 (December 2008): 298–308. doi.org/10.1007/s10464-008-9202-z.
Ferrari, Pier Francesco, and Giacomo Rizzolatti. "Mirror neuron research: The past and the future." *Philosophical Transactions of the Royal Society of London B: Biological Sciences* 369, no. 1644 (2014): 20130169. doi.org/10.1098/rstb.2013.0169.
Goetz, Jennifer, Dacher Keltner, and Emiliana R. Simon-Thomas. "Compassion: An evolutionary analysis and empirical review." *Psychological Bulletin* 136, no. 3 (May 2010): 351–74. doi.org/10.1037a0018807.
Joseph, Chacko N, Cesare Porta, Gaia Casucci, Nadia Casiraghi, Mara Maffeis, Marco Rossi, and Luciano Bernardi. "Slow breathing improves arterial baroreflex sensitivity and decreases blood pressure in essential hypertension." *Hypertension* 46 , no. 4 (October 2005): 714–8. doi.org/10.1161/01.HYP.0000179581.68566.7d.
Missouri State University. Orientation and Mobility Graduate Certificate Program website. Last modified January 16, 2018. graduate.missouristate.edu/catalog/prog_Orientation_and_Mobility.htm.
Orloff, Judith. *The Empath's Survival Guide: Life Strategies for Sensitive People.* Boulder, CO: Sounds True, 2017.
Phillips, Margot, Áine Lorié, John Kelley, Stacy Gray, and Helen Riess. "Long-term effects of empathy training in surgery residents: A one year follow-up study." *European Journal for Person Centered Healthcare* 1, no. 2 (2013), 326–32. doi.org/10.5750/ejpch.v1i2.666.

Radaelli, Alberto, Roberta Raco, Paola Perfetti, Andrea Viola, Arianna Azzellino, Maria G. Signorini, and Alberto Ferrari. "Effects of slow, controlled breathing on baroreceptor control of heart rate and blood pressure in healthy men." *Journal of Hypertension* 22, no. 7 (July 2004): 1361–70. doi.org/10.1097/01.hjh.0000125446.28861.51.

Riess, Helen, John M. Kelley, Robert W. Bailey, Emily J. Dunn, and Margot Phillips. "Empathy Training for Resident Physicians: A Randomized Controlled Trial of a Neuroscience-Informed Curriculum." *Journal of General Internal Medicine* 27, no. 10 (2012): 1280–86. doi.org/10.1007/s11606-012-2063-z.

Riess, Helen, John M. Kelley, Robert W. Bailey, Paul M. Konowitz, and Stacey Tutt Gray. "Improving empathy and relational skills in otolaryngology residents: A pilot study." *Otolaryngology–Head and Neck Surgery* 144, no. 1 (January 2011): 120–22. doi.org/10.1177/0194599810390897.

Singer, Tania, Ben Seymour, John P. O'Doherty, Holger Kaube, Raymond J. Dolan, and Chris D. Frith. "Empathy for pain involves the affective but not sensory components of pain." *Science* 303, no. 5661 (February 2004): 1157–62. doi.org/10.1126/science.1093535.

Singer, Tania, Ben Seymour, John P. O'Doherty, Klaas Enno Stephan, Raymond J. Dolan, and Chris D. Frith. "Empathic neural responses are modulated by the perceived fairness of others." *Nature* 439, no. 7075 (January 2006): 466–69. doi.org/10.1038/nature04271.

Slovic, Paul. "'If I Look at the Mass I Will Never Act': Psychic Numbing and Genocide." *Judgment and Decision Making* 2, no. 2 (April 2007) 79–95.

Slovic, Paul, Daniel Västfjäll, Arvid Erlandsson, and Robin Gregory. "Iconic photographs and the ebb and flow of empathic response to humanitarian disasters." *Proceedings of the National Academy of Sciences of the United States of America* 114, no. 4 (January 2017): 640–44. doi.org/10.1073/pnas.1613977114.

## 第4章

Adams, Reginald B., Jr., Heather L. Gordon, Abigail A. Baird, Nalini Ambady, and Robert E. Kleck. "Effects of gaze on amygdala sensitivity to anger and fear faces." *Science* 300, no. 5625 (June 6, 2003): 1536. doi.org/10.1126/science.1082244.

Ambady, Nalini, Debi LaPlante, Thai Nguyen, Robert Rosenthal, Nigel R. Chaumeton, and Wendy Levinson. "Surgeons' tone of voice: a clue to malpractice history." *Surgery* 132, no. 1 (July 2002): 5–9. doi.org/10.1067/msy.2002.124733.

Boucher, Jerry D., and Paul Ekman. "Facial Areas and Emotional Information." *Journal of Communication* 25, no. 2 (June 1975): 21–29. doi.org/10.1111/j.1460-2466.1975.tb00577.x.

Bowlby, John. *A Secure Base: Clinical Applications of Attachment Theory*. London: Routledge, 1988.

Bowlby, John. *Attachment and Loss, Vol. I: Attachment*. New York: Basic Books, 1999. First published 1969 by Basic Books.

Chustecka, Zosia. "Cancer Risk Reduction in the Trenches: PCPs Respond." Medscape.com, October 25, 2016. medscape.com/viewarticle/870857.

Conradt, Elisabeth, and Jennifer C. Ablow. "Infant physiological response to the still-face paradigm: contributions of maternal sensitivity and infants' early regulatory behavior." *Infant Behavior & Development* 33, no. 3 (June 2010): 251–65. doi.org/10.1016/j.infbeh.2010.01.001.

Darwin, Charles. *The Expression of Emotions in Man and Animals*. 1872. Reprint, London: Friedman, 1979.

Decety, Jean, and G. J. Norman. "Empathy: A social neuroscience perspective." In *International Encyclopedia of the Social and Behavioral Sciences*, 2nd edition, vol. 7, edited by James D. Wright, 541–48. Oxford: Elsevier, 2015.

Decety, Jean, Kalina J. Michalska, and Katherine D. Kinzler. "The contribution of emotion and cognition to moral sensitivity: A neurodevelopmental study." *Cerebral Cortex* 22, no. 1 (January 2012):209–20. doi.org/10.1093/cercor/bhr111.

Dimascio, Alberto, Richard W. Boyd, and Milton Greenblatt. "Physiological correlates of tension and antagonism during psychotherapy: A study of interpersonal physiology." *Psychosomatic Medicine* 19, no. 2 (1957): 99–104. doi.org/10.1097/00006842-195703000-00002.

Ekman, Paul. *Emotions Revealed: Recognizing Faces and Feelings to Improve Communication and Emotional Life*. New York: Henry Holt and Co., 2007.

Ekman, Paul, Richard J. Davidson, and Wallace V. Friesen. "The Duchenne smile: Emotional expression and brain physiology Ⅱ." *Journal of Personality and Social Psychology* 58, no. 2 (March 1990): 342–53. doi.org/10.1037/0022-3514.58.2.342.

Gauntlett, Jane. "The In My Shoes Project." Accessed March 19, 2018. janegauntlett.com/inmyshoesproject/.

Hatfield, Elaine, Christopher K. Hsee, Jason Costello, Monique Schalekamp Weisman, and Colin Denney. "The impact of vocal feedback on emotional experience and expression." *Journal of Social Behavior and Personality* 10 (May 24, 1995): 293–312.

Insel, Thomas R., and Larry J. Young. "The neurobiology of attachment." *Nature Reviews Neuroscience* 2 (February 2001): 129–136. doi.org/10.1038/35053579.

Jenni, Karen, and George Lowenstein. "Explaining the identifiable victim effect." *Journal of Risk and Uncertainty* 14, no. 3 (May 1997): 235–57. doi.org/10.1023/A:1007740225484.

Kelley, John Michael, Gordon Kraft-Todd, Lidia Schapira, Joe Kossowsky, and Helen Riess. "The influence of the patient-clinician relationship on healthcare outcomes: A systematic review and meta-analysis of randomized controlled trials." *PloS ONE* 9, no. 4 (April 2014): e94207. doi.org/10.1371/journal.pone.0094207.

Künecke, Janina, Andrea Hildebrandt, Guillermo Recio, Werner Sommer, and Oliver Wilhelm. "Facial EMG Responses to Emotional Expressions Are Related to Emotion Perception Ability." *PloS ONE* 9, no. 1 (January 2014): e84053. doi.org/10.1371/journal.pone.0084053.

Lieberman, Matthew D., Tristen K. Inagaki, Golnaz Tabibnia, and Molly J. Crockett. "Subjective Responses to Emotional Stimuli During Labeling, Reappraisal, and Distraction." *Emotion* 11, no. 3 (2011): 468–80. doi.org/10.1037/a0023503.

Lorié, Áine, Diego A. Reinero, Margot Phillips, Linda Zhang, and Helen Riess. "Culture and nonverbal expressions of empathy in clinical settings: A systematic review." *Patient Education and Counseling* 100, no. 3 (March 2017): 411–24. doi.org/10.1016/j.pec.2016.09.018.

Marci, Carl D., Jacob Ham, Erin K. Moran, and Scott P. Orr. "Physiologic correlates of perceived therapist empathy and social-emotional process during psychotherapy." *The Journal of Nervous and Mental Disease* 195, no. 2 (2007): 103–11. doi.org/10.1097/01.nmd.0000253731.71025.fc.

Mehrabian, Albert. *Nonverbal Communication*. Chicago: Aldine-Atherton, 1972.

Morrison, India, Marius V. Peelen, and Paul E. Downing. "The sight of others' pain modulates motor processing in human cingulate cortex." *Cerebral Cortex* 17, no. 9 (September 2007): 2214–22. doi.org/10.1093/cercor/bhl129.

Petrović, Predrag, Raffael Kalisch, Tania Singer, and Raymond J. Dolan. "Oxytocin attenuates affective evaluations of conditioned faces and amygdala activity." *Journal of Neuroscience* 28, no. 26 (June 25, 2008): 6607–15. doi.org/10.1523/JNEUROSCI.4572-07.2008.

Rabin, Roni Caryn. "Reading, Writing, 'Rithmetic and Relationships." *New York Times*, December 20, 2010. well.blogs.nytimes.com/2010/12/20

/reading-writing-rithmetic-and-relationships/.
Riess, Helen. "The Power of Empathy." Filmed November 2013 at TEDxMiddlebury in Middlebury, VT. Video, 17:02. youtube.com/watch?v=baHrcC8B4WM.
Riess, Helen, and Gordon Kraft-Todd. "E.M.P.A.T.H.Y.: A tool to enhance nonverbal communication between clinicians and their patients." *Academic Medicine* 89, no. 8 (August 2014): 1108–12. doi.org/10.1097/ACM.0000000000000287.
Stephens, Greg J., Lauren J. Silbert, and Uri Hasson. "Speaker-listener neural coupling underlies successful communication." *Proceedings of the National Academy of Sciences of the United States of America* 107, no. 32 (August 2010): 14425–30. doi.org/10.1073/pnas.1008662107.

## 第5章

Brewer, Marilynn B. "The social psychology of intergroup relations: Social categorization, ingroup bias, and outgroup prejudice." In *Social Psychology: Handbook of Basic Principles*, 2nd edition, edited by Arie W. Kruglanski and E. Tory Higgins, 695–714. New York: Guilford Press, 2007.
Decety, Jean, and Jason M. Cowell. "Friends or Foes: Is Empathy Necessary for Moral Behavior?" *Perspectives on Psychological Science* 9, no. 5 (2014): 525–37. doi.org/10.1177/1745691614545130.
Decety, Jean, and Jason M. Cowell. "The complex relation between morality and empathy." *Trends in Cognitive Sciences* 18, no. 7 (July 2014): 337–39. doi.org/10.1016/j.tics.2014.04.008.
Fisman, Raymond J., Sheena S. Iyengar, Emir Kamenica, and Itamar Simonson. "Racial Preferences in Dating." *The Review of Economic Studies* 75, no. 1 (January 2008), 117–32. doi.org/10.1111/j.1467-937X.2007.00465.x.
Lamm, Claus, Andrew N. Meltzoff, and Jean Decety. "How Do We Empathize with Someone Who Is Not Like Us? A Functional Magnetic Resonance Imaging Study." *Journal of Cognitive Neuroscience* 22, no. 2 (2010): 362–76. doi.org/10.1162/jocn.2009.21186.
Lorié, Áine, Diego A. Reinero, Margot Phillips, Linda Zhang, and Helen Riess. "Culture and nonverbal expressions of empathy in clinical settings: A systematic review." *Patient Education and Counseling* 100, no. 3 (March 2017): 411–24. doi.org/10.1016/j.pec.2016.09.018.
Peters, William, dir. *The Eye of the Storm*. 1970; Filmed in 1970 in Riceville, Iowa, aired in 1970 on ABC. Video, 26:17. archive.org/details/EyeOfTheStorm_201303.

Petrović, Predrag, Raffael Kalisch, Mathias Pessiglione, Tania Singer, and Raymond J. Dolan. "Learning affective values for faces is expressed in amygdala and fusiform gyrus." *Social Cognitive and Affective Neuroscience* 3, no. 2 (June 2008): 109–18. doi.org/10.1093/scan/nsn002.

Piff, Paul K., Daniel M. Stancato, Stéphane Côté, Rodolfo Mendoza-Denton, and Dacher Keltner. "Higher social class predicts increased unethical behavior." *Proceedings of the National Academy of Sciences of the United States of America* 109, no. 11 (2012): 4086–91. doi.org/10.1073/pnas.1118373109.

Yiltiz, Hörmetjan, and Lihan Chen. "Tactile input and empathy modulate the perception of ambiguous biological motion." *Frontiers in Psychology* 6 (February 2015): 161. doi.org/10.3389/fpsyg.2015.00161.

## 第6章

Conradt, Elisabeth, and Jennifer C. Ablow. "Infant physiological response to the still-face paradigm: Contributions of maternal sensitivity and infants' early regulatory behavior." *Infant Behavior & Development* 33, no. 3 (June 2010): 251–65. doi.org/10.1016/j.infbeh.2010.01.001.

Cradles to Crayons. Accessed March 19, 2018. cradlestocrayons.org.

Fredrickson, Barbara. *Positivity: Groundbreaking Research Reveals How to Embrace the Hidden Strength of Positive Emotions, Overcome Negativity, and Thrive.* London: One World Publications, 2009.

Gladwell, Malcolm. *Blink: The Power of Thinking Without Thinking*. Boston: Little, Brown, 2005.

Hemphill, Sheryl A., Stephanie M. Plenty, Todd I. Herrenkohl, John W. Toumbourou, and Richard F. Catalano. "Student and school factors associated with school suspension: A multilevel analysis of students in Victoria, Australia and Washington State, United States." *Children and Youth Services Review* 36, no. 1 (January 2014): 187–94. doi.org/10.1016/j.childyouth.2013.11.022.

Kendall-Tackett, Kathleen A., and John Eckenrode. "The effects of neglect on academic achievement and disciplinary problems: A developmental perspective." *Child Abuse and Neglect* 20, no. 3 (March 1996): 161–69. doi.org/10.1016/S0145-2134(95)00139-5.

Kendrick, Keith M. "Oxytocin, motherhood and bonding." *Experimental Physiology* 85, no. s1 (March 2000): 111S–24S. doi.org/10.1111/j.1469-445X.2000.tb00014.x.

Kohut, Heinz. *How Does Analysis Cure?* Edited by Arnold Goldberg and Paul E.

Stepansky. Chicago: University of Chicago Press, 1984.
Margherio, Lynn. "Building an Army of Empathy." Filmed November 2017 at TEDxBeaconStreet in Boston, MA. Video, 11:15. tedxbeaconstreet.com /videos/building-an-army-of-empathy/.
Open Circle learning program website. Wellesley Center for Women, Wellesley College. Accessed March 19, 2018. open-circle.org.
Piaget, Jean, and Bärbel Inhelder. *The Child's Conception of Space*. London and New York: Psychology Press, 1997.
Sagi, Abraham, and Martin L. Hoffman. "Empathic distress in the newborn." *Developmental Psychology* 12, no. 2 (March 1976): 175–76. doi.org/10.1037/0012-1649.12.2.175.
Warrier, Varun, Roberto Toro, Bhismadev Chakrabarti, The iPSYCH-Broad autism group, Anders D. Børglum, Jakob Grove, the 23andMe Research Team, David Hinds, Thomas Bourgeron, and Simon Baron-Cohen. "Genome-wide analysis of self-reported empathy: Correlations with autism, schizophrenia, and anorexia nervosa." *Translational Psychiatry* 8, no. 1 (March 2018): 35. doi.org/10.1038/s41398-017-0082-6.
Winnicott, Donald W. "The theory of the parent-infant relationship." *The International Journal of Psychoanalysis* 41 (Nov–Dec 1960): 585–95. doi.org/10.1093/med:psych/9780190271381.003.0022.

## 第7章

Falk, Emily B., Sylvia A. Morelli, B. Locke Welborn, Karl Dambacher, and Matthew D. Lieberman. "Creating buzz: The neural correlates of effective message propagation." *Psychological Science* 24, no. 7 (July 2013): 1234–42. doi.org/10.1177/0956797612474670.
Farber, Matthew. *Gamify Your Classroom: A Field Guide to Game-Based Learning*. Rev. ed. New York: Peter Lang Publishing, Inc., 2017.
Hemphill, Sheryl A., John W. Toumbourou, Todd I. Herrenkohl, Barbara J. McMorris, and Richard F. Catalano. "The effect of school suspensions and arrests on subsequent adolescent antisocial behavior in Australia and the United States." *Journal of Adolescent Health* 39, no. 5 (November 2006): 736–44. doi.org/10.1016/j.jadohealth.2006.05.010.
Horn, Michael B., and Heather Staker. *Blended: Using Disruptive Innovation to Improve Schools.* San Francisco: Jossey-Bass, 2015.
Kidd, David Comer, and Emanuele Castano. "Reading literary fiction improves

theory of mind." *Science* 342, no. 6156 (October 2013): 377–80. doi.org/10.1126/science.1239918.

Lieberman, Matthew D. "Education and the social brain." *Trends in Neuroscience and Education* 1, no. 1 (December 2012): 3–9. doi.org/10.1016/j.tine.2012.07.003.

Redford, James, dir. *Paper Tigers*. 2015; Branford, CT: KPJR Films. kpjrfilms.co /paper-tigers/.

Warrier, Varun, Roberto Toro, Bhismadev Chakrabarti, The iPSYCH-Broad autism group, Anders D. Børglum, Jakob Grove, the 23andMe Research Team, David Hinds, Thomas Bourgeron, and Simon Baron-Cohen. "Genome-wide analysis of self-reported empathy: Correlations with autism, schizophrenia, and anorexia nervosa." *Translational Psychiatry* 8, no. 1 (March 2018): 35. doi.org/10.1038/s41398-017-0082-6.

## 第 8 章

Berridge, Kent C., and Terry E. Robinson. "What is the role of dopamine in reward: Hedonic impact, reward learning, or incentive salience?" *Brain Research Reviews* 28, no. 3 (December 1998): 309–69. doi.org/10.1016/S0165-0173(98)00019-8.

Buckels, Erin E., Paul D. Trapnell, and Delroy L. Paulhus. "Trolls Just Want to Have Fun." *Personality and Individual Differences* 67 (September 2014): 97–102. doi.org/10.1016/j.paid.2014.01.016.

Buxton, Madeline. "The Internet Problem We Don't Talk About Enough." Refinery29.com, March 15, 2017. refinery29.com/online-harassment-statistics-infographic.

Dosomething.org. "11 Facts About Bullies." Accessed March 19, 2018. dosomething .org/us/facts/11-facts-about-bullying.

Keng, Shian-Ling, Moria J. Smoski, and Clive J. Robins. "Effects of mindfulness on psychological health: A review of empirical studies." *Clinical Psychology Review* 31, no. 6 (August 2011): 1041–56. doi.org/10.1016/j.cpr.2011.04.006.

Przybylski, Andrew K., and Netta Weinstein. "Can you connect with me now? How the presence of mobile communication technology influences face-to-face conversation quality." *Journal of Social and Personal Relationships* 30, no. 3 (May 2013), 237–46. doi.org/10.1177/0265407512453827.

Rideout, Victoria J., Ulla G. Foehr, and Donald F. Roberts. *Generation M2: Media in the Lives of 8- to 18-Year-Olds: A Kaiser Family Foundation Study.* Menlo Park, CA: Henry J. Kaiser Family Foundation, January 2010. kaiserfamilyfoundation.files .wordpress.com/2013/04/8010.pdf.

Schenker, Mark. "The Surprising History of Emojis." Webdesignerdepot.com, October

11, 2016. webdesignerdepot.com/2016/10/the-surprising-history-of-emojis/.
Steinberg, Brian. "Study: Young Consumers Switch Media 27 Times an Hour." Ad Age, April 9, 2012. adage.com/article/news/study-young-consumers-switch-media -27-times-hour/234008/.
West, Lindy. "What Happened When I Confronted My Cruelest Troll." *Guardian*, February 2, 2015. theguardian.com/society/2015/feb/02 /what-happened-confronted-cruellest-troll-lindy-west.
Wong, Hai Ming, Kuen Wai Ma, Lavender Yu Xin Yang, and Yanqi Yang. "Dental Students' Attitude towards Problem-Based Learning before and after Implementing 3D Electronic Dental Models." *International Journal of Educational and Pedagogical Sciences* 104, no. 8 (2017): 2110, 1–6. hdl.handle.net/10722/244777.

## 第 9 章

Alan Alda Center for Communicating Science. Accessed March 19, 2018. aldacenter.org.
Gauntlett, Jane. The In My Shoes Project. Accessed March 19, 2018. janegauntlett. infor/inmyshoesproject.
Kandel, Eric R. *The Age of Insight: The Quest to Understand the Unconscious in Art, Mind, and Brain, from Vienna 1900 to the Present*. New York: Random House, 2012.
Kidd, David Comer, and Emanuele Castano. "Reading literary fiction improves theory of mind." *Science* 342, no. 6156 (October 2013): 377–80. doi.org/10.1126/science.1239918.
Mazzio, Mary, dir. *I Am Jane Doe*. 2017; Babson Park, MA: 50 Eggs Films. iamjanedoefilm.com.
O'Donohue, John. *Anam Cara: A Book of Celtic Wisdom*, 25. New York: HarperCollins, 1997.
O'Donohue, John. *Beauty: The Invisible Embrace: Rediscovering the True Sources of Compassion, Serenity, and Hope*. New York: HarperCollins, 2004.
Rentfrow, Peter J., Lewis R. Goldberg, and Ran D. Zilca. "Listening, watching, and reading: The structure and correlates of entertainment preferences." *Journal of Personality* 79, no. 2 (April 2011): 223–58. doi.org/ 10.1111/j.1467-6494.2010.00662.x.
Rifkin, Jeremy. *The Empathic Civilization: The Race to Global Consciousness in a World in Crisis*. Cambridge: Polity, 2009.
Siegel, Daniel J. *The Developing Mind: How Relationships and the Brain Interact to Shape Who We Are*. 2nd ed. New York: Guilford Press, 2012.

## 第 10 章

Adams, Reginald B., Jr., Heather L. Gordon, Abigail A. Baird, Nalini Ambady, and Robert E. Kleck. "Effects of gaze on amygdala sensitivity to anger and fear faces." *Science* 300, no. 5625 (June 6, 2003): 1536. doi.org/10.1126/science.1082244.

Boyatzis, Richard, and Annie McKee. *Resonant Leadership: Renewing Yourself and Connecting with Others Through Mindfulness, Hope, and Compassion*. Boston: Harvard Business Review Press, 2005.

Buckner, Randy L., Jessica R. Andrews-Hanna, and Daniel L. Schacter. "The brain's default network: Anatomy, function, and relevance to disease." *Annals of the New York Academy of Sciences* 1124, no. 1 (March 2008): 1–38. doi.org/10.1196/annals.1440.011.

Cameron, Kim. "Responsible Leadership as Virtuous Leadership." *Journal of Business Ethics* 98, no. 1 (January 2011): 25–35. doi.org/10.1007/s10551-011-1023-6.

CNN Exit Polls, November 23, 2016, cnn.com/election/results/exit-polls.

DeSteno, David. *The Truth About Trust: How It Determines Success in Life, Love, Learning, and More*. New York: Hudson Street Press, 2014.

Fajardo, Camilo, Martha Isabel Escobar, Efraín Buriticá, Gabriel Arteaga, J. Umbarila, Manuel F. Casanova, and Hernán J. Pimienta. "Von Economo neurons are present in the dorsolateral (dysgranular) prefrontal cortex of humans." *Neuroscience Letters* 435, no. 3 (May 2008): 215–18. doi.org/10.1016/j.neulet.2008.02.048

Goleman, Daniel. *Emotional Intelligence: Why It Can Matter More Than IQ*. London: Bloomsbury, 2010.

Goleman, Daniel. *Social Intelligence: The New Science of Human Relationships*. New York: Bantam Books, 2007.

Goleman, Daniel, Richard Boyatzis, and Annie McKee. *Primal Leadership: Realizing the Power of Emotional Intelligence*. Boston: Harvard Business Review Press, 2002.

Grant, Daniel. "Artists as Teachers in Prisons." Huffington Post, July 6, 2010. Updated November 17, 2011. huffingtonpost.com/daniel-grant/artists-as-teachers-in-pr_b_565695.html.

Kraft-Todd, Gordon T., Diego A. Reinero, John M. Kelley, Andrea S. Heberlein, Lee Baer, and Helen Riess. "Empathic nonverbal behavior increases ratings of both warmth *and* competence in a medical context." *PloS ONE* 12, no. 5 (May 15, 2017): e0177758. doi.org/10.1371/journal.pone.0177758.

Kuhn, Daniel. *Dispatches from the Campaign Trail*. American University (2016),

american.edu/spa/dispatches/campaign-trail/blog-two.cfm.
Lennick, Doug, and Fred Kiel. *Moral Intelligence: Enhancing Business Performance and Leadership Success*. Upper Saddle River, NJ: Pearson Education, 2008.
Lennick, Doug, Roy Geer, and Ryan Goulart. *Leveraging Your Financial Intelligence: At the Intersection of Money, Health, and Happiness*. Hoboken, NJ: John Wiley & Sons, Inc., 2017.
Maslow, Abraham H. "A theory of human motivation." *Psychological Review* 50, no. 4 (1943): 370–96. doi.org/10.1037/h0054346.
Peri, Sarada. "Empathy Is Dead in American Politics." *New York*, March 30, 2017. nymag.com/daily/intelligencer/2017/03/empathy-is-dead-in-american-politics.html.
Schwartz, Richard C. *Internal Family Systems Therapy*. New York: Guilford Press, 1994.
Sesno, Frank. *Ask More: The Power of Questions to Open Doors, Uncover Solutions and Spark Change*. New York: Amacom, 2017.
The Empathy Business, "Our Empathy Index." Accessed March 19, 2018. hbr.org/2015/11/2015-empathy-index.
"Transparency International—Bulgaria reports alarming rate of potential vote sellers." Sofia News Agency, October 19, 2011. novinite.com/articles/133068/Transparency+International-Bulgaria+Reports+Alarming+Rate+of+Potential+Vote-Sellers.
"The Trump Family Secrets and Lies." Cover story, *People*, July 31, 2017.
Valdesolo, Piercarlo, and David DeSteno. "Synchrony and the social tuning of compassion." *Emotion* 11, no. 2 (April 2011): 262–26. doi.org/10.1037/a0021302.

## 第 11 章

Alda, Alan. *If I Understood You, Would I Have This Look on My Face?: My Adventures in the Art and Science of Relating and Communicating*. New York: Random House, 2017.
Arumi, Ana Maria, and Andrew L. Yarrow. *Compassion, Concern and Conflicted Feelings: New Yorkers on Homelessness and Housing*. New York: Public Agenda, 2007. publicagenda.org/files/homeless_nyc.pdf.
Baron-Cohen, Simon. *Autism and Asperger Syndrome*. Oxford and New York: Oxford University Press, 2008.
Baron-Cohen, Simon. *The Science of Evil: On Empathy and the Origins of Cruelty*. New York: Basic Books, 2011.

Baron-Cohen, Simon. *Zero Degrees of Empathy: A New Theory of Human Cruelty and Kindness*. London: Penguin Books, 2011.

Egan, Gerard. *The Skilled Helper: A Systematic Approach to Effective Helping*. 4th ed. Pacific Grove, CA: Brooks-Cole Publishing, 1990.

*Final Report Draft* (Washington, DC: The President's Commission on Combating Drug Addiction and the Opioid Crisis, 2017). whitehouse.gov/sites /whitehouse.gov/files/images/Final_Report_Draft_11-15-2017.pdf.

Wakeman, Sarah. *Journal of Addiction Medicine*. American Society of Addiction Medicine, 2017.

Yoder, Keith J., Carla L. Harenski, Kent A. Kiehl, and Jean Decety. "Neural networks underlying implicit and explicit moral evaluations in psychopathy." *Translational Psychiatry* 25, no. 5 (August 2015): e625. doi.org/10.1038 /tp.2015.117.

## 第 12 章

Ekman, Eve, and Jodi Halpern. "Professional Distress and Meaning in Health Care: Why Professional Empathy Can Help." *Social Work in Health Care* 54, no. 7 (2015), 633–50. doi.org/10.1080/00981389.2015.1046575.

Epel, Elissa S., Elizabeth H. Blackburn, Jue Lin, Firdaus Dhabhar, Nancy E. Adler, Jason D. Morrow, and Richard M. Cawthorn. "Accelerated telomere shortening in response to life stress." *Proceedings of the National Academy of Sciences* 101, no. 49 (December 2004): 17312–15. doi.org/10.1073/pnas.0407162101.

Epstein, Ronald M. *Attending: Medicine, Mindfulness, and Humanity*. New York: Scribner, 2017.

Epstein, Ronald M. "Mindful practice." *JAMA* 282, no. 9 (September 1999): 833–39. doi.org/10.1001/jama.282.9.833.

Gazelle, Gail, Jane M. Liebschutz, and Helen Riess. "Physician Burnout: Coaching a Way Out." *Journal of General Internal Medicine* 30, no. 4 (December 2014): 508–513. doi.org/10.1007/s11606-014-3144-y.

Goleman, Daniel, and Richard J. Davidson. *Altered Traits: Science Reveals How Meditation Changes Your Mind, Brain, and Body*. New York: Avery, 2017.

Gračanin, Asmir, Ad Vingerhoets, Igor Kardum, Marina Zupčić, Maja Šantek, and Mia Šimić. "Why crying does and sometimes does not seem to alleviate mood: A quasi-experimental study." *Motivation and Emotion* 39, no. 6 (December 2015): 953–60. doi.org/10.1007/s11031-015-9507-9.

Hojat, Mohammadreza, Michael J. Vergare, Kaye Maxwell, George C. Brainard,

Steven K. Herrine, Gerald A Isenberg, J. Jon Veloski, and Joseph S. Gonnella. "The devil is in the third year: A longitudinal study of erosion of empathy in medical school." *Academic Medicine: Journal of the Association of American Medical Colleges* 84, no. 9 (October 2009): 1182–91. doi.org/10.1097/ACM.0b013e3181b17e55.

Kabat-Zinn, Jon. *Wherever You Go, There You Are: Mindfulness Meditation in Everyday Life*. New York: Hyperion, 1994.

Kearney, Michael K., Radhule B. Weininger, Mary L. S. Vachon, Richard L. Harrison, and Balfour M. Mount. "Self-care of physicians caring for patients at the end of life: 'Being connected... a key to my survival.'" *JAMA* 301, no. 11 (2009): 1155–64. doi.org/10.1001/jama.2009.352.

Linzer, Mark, Rachel Levine, David Meltzer, Sara Poplau, Carole Warde, and Colin P. West. "10 Bold Steps to Prevent Burnout in General Internal Medicine." *Journal of General Internal Medicine* 29, no. 1 (January 2014): 18-20. doi.org/10.1007/s11606-013-2597-8.

Mascaro, Jennifer S., James K. Rilling, Lobsang Tenzin Negi, and Charles L. Raison. "Compassion meditation enhances empathic accuracy and related neural activity." *Social Cognitive and Affective Neuroscience* 8, no. 1 (January 2013): 48–55. doi.org/10.1093/scan/nss095.

Neff, Kristin D. "Self-Compassion: An Alternative Conceptualization of a Healthy Attitude Toward Oneself." *Self-Identity* 2, no. 2 (April 2003): 85–101. doi.org/10.1080/15298860309032.

Riess, Helen, and Gordon Kraft-Todd. "E.M.P.A.T.H.Y.: A tool to enhance nonverbal communication between clinicians and their patients." *Academic Medicine* 89, no. 8 (August 2014): 1108–12. doi.org/10.1097/ACM.0000000000000287.

Riess, Helen, John M. Kelley, Robert W. Bailey, Emily J. Dunn, and Margot Phillips. "Empathy Training for Resident Physicians: A Randomized Controlled Trial of a Neuroscience-Informed Curriculum." *Journal of General Internal Medicine* 27, no. 10 (2012): 1280–86. doi.org/10.1007/s11606-012-2063-z.

Siegel, Daniel J. *The Mindful Brain: Reflection and Attunement in the Cultivation of Well-Being*. New York: W. W. Norton, 2007.

Shanafelt, Tait D., Sonja Boone, Litjen Tan, Lotte N. Dyrbye, Wayne Sotile, Daniel Satele, Colin P. West, Jeff Sloan, and Michael R. Oreskovich. "Burnout and satisfaction with work-life balance among US physicians relative to the general US population." Archives of Internal Medicine, 2012 Oct 8;172(18): 1377–85. doi: 10.1001/archinternmed.2012.3199.

Smith, Karen E., Greg J. Norman, and Jean Decety. "The complexity of empathy during medical school training: Evidence for positive changes." *Medical Education* 51, no. 11 (November 2017): 1146–59. doi.org/10.1111/medu.13398.

Trudeau, Renée Peterson. *The Mother's Guide to Self-Renewal: How to Reclaim, Rejuvenate and Re-Balance Your Life*. Austin, TX: Balanced Living Press, 2008.